숨고 싶은 집

숨고 싶은 집
우연수집가의 혼자 사는 전셋집 고쳐 살기

초판 1쇄 펴냄 2012년 9월 28일
초판 2쇄 펴냄 2012년 10월 12일

지은이 우연수집가
펴낸이 고영은 박미숙

상무 김완중 ㅣ 편집이사 인영아 ㅣ 기획편집 이진규
청소년팀 이준희 김현정 ㅣ 세모길팀 박경수 김영은 홍신혜
어린이팀 이경화 이슬아 여은영 ㅣ 디자인실 김세라 오경화
마케팅팀 이학수 오상욱 진영수 김은숙 ㅣ 총무팀 김용만 고은정

펴낸곳 뜨인돌출판(주)
출판등록 1994.10.11(제313-2011-185호)
주소 121-840 서울시 마포구 서교동 396-46
홈페이지 www.ddstone.com ㅣ 노빈손 홈페이지 www.nobinson.com
블로그 blog.naver.com/ddstone1994
대표전화 02-337-5252 팩스 02-337-5868

ⓒ 2012, 우연수집가

ISBN 978-89-5807-393-2 13590
(CIP제어번호 : CIP2012004250)

우연수집가 지음

우 연 수 집 가 의   혼 자   사 는   전 셋 집   고 쳐   살 기

뜨인돌

나에게
권태를 느낄 때

일상을 예술화하기

훌쩍 여행을 떠나 진정한 나를 찾아야 한다는 둥 죽기 전에 해야 할 일 리스트를 만들어야 한다는 둥 하는 얘기에 무뎌질 무렵, 나는 일상이라는 것을 들여다보게 되었다. 딱히 때려치우고 싶을 만큼 힘든 직장에 다니는 것도 아니었고, 주말엔 꼬박꼬박 쉬는 괜찮은 생활이었다. 매일같이 밤샘을 하던 때도 있었는데 그때와 비교하면 만족해야 했고 감사해야 했다. 특히나 취업대란이라는 말 앞에서는.

그럼에도 일요일 밤마다 개콘 엔딩 곡과 함께 나오는 한숨은 무엇일까?

설레지가 않았다. 너무나 진부한 탄식이다.

이 세상에 누가 매일매일 설레어하며 사냐는, 역시나 진부한 대답이 돌아온다.

그럼 그냥 그렇게, 그런 식으로, 남들처럼 살다 보면 언젠가 행복해지는 날이 올까?

짜증이 났다. 난 나를 아낀다.

나는 콤플렉스도 많고 매일 밤 악몽에 시달릴 만큼 마음도 단단한 편은 아니다. 하지만 나의 뉴런 어딘가에서는 '넌 참 소중해! 넌 특별해!' 이런 외침이 끊이질 않는다. 클라이언트와 싸우고 팀장님하고 싸우고 나 자신과도 싸워야 하는데, 싸우는 일에서 설렘을 찾는다는 것 자체가 말이 안 되는 것 같았다. 나의 뉴런은 내가 좋아하는 것들을 알고 있을 것이고, 그것들은 대부분 무언가를 하지 않아도 되는 어릴 적에 형성되었다. 그리고 남들과 비교하지 않아도 되는 것들이다.

일상을 다시 들여다보았다. 방 안을 둘러보니 충동구매한 디지털 피아노, 책상 서랍 속의 카메라, 이끼가 잔뜩 낀 대형 어항이 눈에 띄었다. 이것들을 들여놓을 때는 꽤나 설레었다. '언젠가 알래스카에 가서 동물 다큐멘터리를 찍어볼 거야'라는 희망보다 구체적이고 쉽고 손에 잡히는 설렘이었다. (물론 알래스카의 꿈은 한구석에 고이 모셔놓았다.) 이것들을 잘 살펴보면 하모니카 연습을 하고, 만화책을 따라 그리고, 동물을 좋아하던 내 어린 시절의 즐거움이 묻어 있는 걸 알 수 있다. 그냥 이유 없이 좋아한 것들이다.

'나에게 권태를 느낄 때 일상을 예술화하기'

블로그를 개설하면서 처음 달았던 대문 글이다. 그리고 아직 변하지 않은 모토이다. 난 재미있을 만한 소재를, 재미있는 표현 방법을 주변에서 찾기 시작했다. 그것은 일상을 콘텐츠로 만드는 과정이 되었다. 사람은 환경의 지배를 받을 수밖에 없으니 일상을 풍요롭게 하기 위해서는 내가 생활하는 곳이 풍요로워야 한다는 것도 그때 깨달았다. 그래서 이사를 했고, 나만의 아지트를 만들어나가는 작업을 했다. 환경의 변화는 확실히 커다란 도움이 되었다. 무엇보다 그 과정 자체가 큰 즐거움과 설렘을 주었다.

그간 있었던 소소한 일들을 적어본다. 그리 특별하지 않지만, 그렇기에 책을 읽는 분들이 이런 작은 삶의 변화를 가깝게 느끼고 공감하면 좋겠다.

숨
고
싶
은

집

04 지중해 풍 욕실 하고 싶었던 모든 꼼지락거림

05 서른 살 작업실 일상을 예술화하기

이사를 사랑한다. 아, 이사를 좋아한다기보다는 이사로 인해 바뀌는 것들을 좋아한다고 해야 맞겠다. 출퇴근 풍경이라든지, 슈퍼 아줌마, 자주 배달시키는 짜장면의 맛, 잠이 들려고 누웠을 때의 천장 색깔……. 이런 변화는 새해에 느끼는 막연한 기대감처럼 나에게 자극과 에너지를 준다. 이사는 귀찮지만 언제나 설렌다.

서른이란 말은 신기하기도 하지. 숫자가 하나 바뀌었을 뿐인데 내 인생의 각도가 제대로 맞추어져 있는지 따져보는 시간이 많아졌다. 어렸을 적 생각하던 서른 살은, 청춘의 잡다한 방황을 끝내고 볼 잡은 메시처럼 정해진 목표를 향해 내달리는 이미지였지만 막상 서른, 서른하나가 되어도 확실한 건 없더라. 도리어 단조로운 직장생활로 인해 안정감이 커질수록 의구심도 같이 커졌다.

그동안 가져왔던 꿈이라면,
막연하게나마 작가가 되고 싶었다.

글을 쓰는 작가든, 사진 블로거든, 수공예 장인이든 무언가를 창의적으로 만들어내는 일을 하고 싶었다. 큰 시스템 안의 부품으로 소모되기보다는 작아도 자존감이 묻어나는 일을 하고 싶었다.

'창의적인 사람이 되기'

12

뭘 어떻게 해야 창의적인 사람이 되는 걸까. 난 누구보다 부모님 말씀 잘 듣고 대한민국 입시교육을 온몸으로 받아들인 평범한 학생이었고, 어른이 되어서도 평범하기만 한 직장인이었는데. 게다가 요즘엔 스마트폰을 손에 들고도 스마트폰을 찾을 정도로 스마트함과 점점 멀어지고 있다. (심지어 머리카락도 빠지고 있다!) 하나 확실하게 깨달은 것은 단기간에 뿅 하고 바뀔 수는 없다는 것과 창의성을 기르는 데에도 나름의 훈련이 필요하다는 것이다. 그래서 난 준비 1단계로 환경을 바꾸기로 했다.

이사 중독자

이사를 사랑한다. 보통 전셋집은 2년 단위로 계약을 하는데 이 2년이 나에게는 이사를 다니기에 딱 좋은 간격인 것 같다. 봄, 여름, 가을, 겨울을 한 번씩 겪고 나면 친구들을 몇 명까지 재울 수 있는지, 여름에 에어컨 없이도 버틸 수 있는지, 그 집에 대한 감이 온다. 그 경험을 바탕으로 이듬해에 제대로 살아보고 미련 없이 나오면 된다. 또한 2년은 셋방을 한 단계 업그레이드할 만큼 돈을 모으기에 적당한 기간이다. 곰팡이 냄새 나는 반지하에서 1층 원룸으로 옮겼을 때, 옆 건물이 창문을 가려 낮에도 불을 켜야 할지라도 그 성취감만큼은 가릴 수 없었다.

물론 요즘엔 뼈 빠지게 자금을 모아도 현상유지에 그치는 경우도 있다. 그렇지만 난 어려운 시기에도 2년 계약이 끝나자마자 옳거니 하고 새로운 동네, 새 집을 찾아 나섰다. 셋방을 옮기는 것은 그나마 인생에서 내 의지로 가질 수 있는 변화 중에 가장 큰 축에 속하지 않나. 이사를 좋아한다기보다는 이사로 인해 바뀌는 것들을 좋아한다고 해야 맞겠다. 출퇴근 풍경이라든지, 슈퍼 아줌마, 자주 배달시키는 짜장면의 맛, 잠이 들려고 누웠을 때의 천장 색깔……. 이런 변화는 새해에 느끼는 막연한 기대감처럼 나에게 자극과 에너지를 준다. 그래서 이사는 귀찮지만 언제나 설렌다.

게다가 이번에는 '창의적인 환경'을 구축해야 한다는 절대적인 이유가 있었다.

서울에 올라와서 한남대교를 건널 때마다 한남동을 보면서 참 묘한 동네라고 생각했다. 남산을 뒤로하고 한강을 앞에 둔 최고의 입지인지라 금싸라기 땅이라고 생각했지만 달동네 같기도 했다. 꼭대기에 있는 교회와 이슬람성원을 향해 층층이 올라가는 집들은 유럽의 몽생미셸이나 산토리니처럼 보였다. 동네 답사를 한 날, 서울에 몇 군데 남지 않은 꼬불꼬불 골목길과 재래시장이 따뜻하게 느껴졌고, 분위기 있는 카페와 이국적인 음식점이 유혹했다. 동네 토박이 할머니에서부터 트렌디한 옷차림의 아가씨, 천사 같은 아랍인 꼬마, 수트가 멋지게 어울리는 금발 아저씨까지, 다양한 사람들이 섞여 있는 모습에 반했다. 게다가 코앞에 자전거를 탈 수 있는 한강도 있었다. 그래! 머리를 말랑말랑하게 하려면 이런 오색빛깔 나는 곳에서 살아줘야 하는 것 아닌가!

이사는 새해에 느끼는 막연한 기대감처럼 나에게 자극과 에너지를 준다. 그래서 귀찮지만 언제나 설렌다.

첫 만남

부동산 아저씨를 따라서 이 집을 처음
봤을 때, 마치 납량특집 세트장에 온 기
분이었다. 집이 전혀 관리가 되어 있지
않았다. 40년이나 됐으면서도 전세금
은 예산보다 높았고 내가 원하던 구조
도 아니어서 당연히 거부했지만 현실
은 녹록하지 않았다. 하필 그 무렵 무시
무시한 전세대란이라는 게 일어나서 원
하는 가격의 전셋집이 언덕 꼭대기에
딱 하나밖에 없다는 소리를 들었다. 나
는 혼자서 이 집을 다시 찬찬히 둘러보
았다. 다른 건 몰라도 넓은 마당과 화단
이 좋았다. 뭔가 재미있는 일이 많이 생
길 것 같았다. 무엇보다 결정적인 건 어
차피 재개발되면 철거될 집이니 고치든
때려부수든 마음대로 해도 좋다는 집주
인의 약속이었다. 어쩌면 깔끔한 오픈
형 원룸보다 더 맘에 드는 공간을 만들
수 있을지도 모른다는 생각이 들었다.
실망스럽던 첫인상이 급설렘으로 바뀔
줄이야.

단, 국경과 나이는 뛰어넘을 수 있어도 집주인의 장벽은 절대 넘을 수 없다.

'연가'라는 말에는 여러 의미가 있다. 가장 자주 쓰이는 뜻은 '사랑하는 사람을 그리워하며 부르는 노래'이고, '자유로운 형식에 아름다운 선율을 주로 한 서정적이고 부드러운 악곡'이라는 의미로도 사용된다. 둘 다 戀歌라고 쓴다. 宴歌라고 쓰면 '잔치를 베풀고 노래를 부르며 즐김'이라는 뜻이고, 緣家라고 쓰면 '인연이 있는 집'이라는 뜻이다. 창의성이 솟아나는 집이 되려면 이 모든 의미를 아우르는 집이어야 한다고 생각했다. 인연이 있는 집에 친구들을 모아 잔치를 베풀고 노래를 부르며 즐기고 싶고, 작업실을 갖추어 자유로운 생활과 서정적인 작업을 하고 싶었다. 그러다가 그리워할 사람이 생길 수도 있는, 바로 그런 한남동 연가.

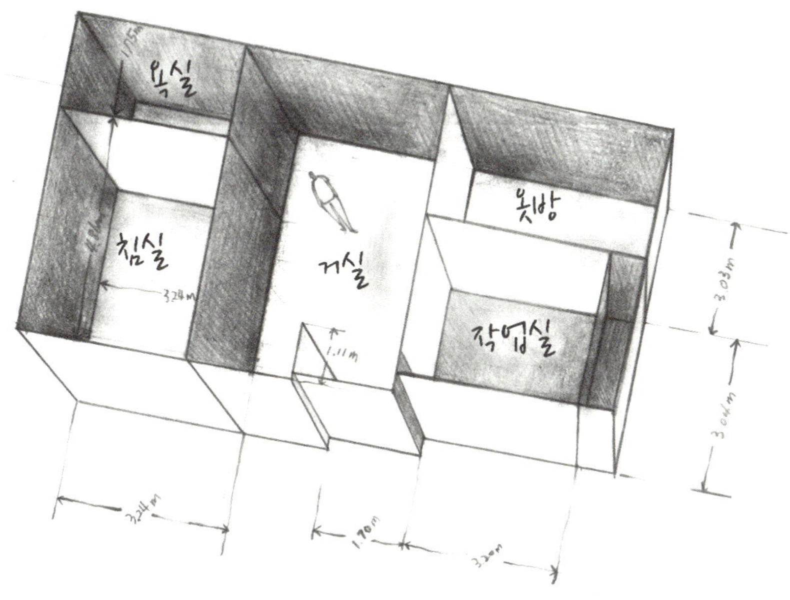

1.05m
욕실
침실
3.24m
거실
1.11m
옷방
작업실
3.03m
3.04m
3.24m
1.70m
3.2m

친구들과 노래를 부르고, 작업실에서 일하고, 그러다가 그리워할 사람이 생길 수도 있는, 그런 집.

어색하고
낭만적인
연애
작업실

시행착오를 겪을 때마다 이렇게 고생을 해서 뭐가 바뀌긴 할까 하는 의구심이 들었지만, 일종의 신랑 수업이라고 생각하기로 했다. 이제 벽에 못 박는 것에는 자신이 생겼다.

Before

처음에는 창작 욕구에 불타서 제일 큰 이 방을 작업실로 만들려고 했다. 하지만 컴퓨터를 놓고 TV가 나오는 프로젝터까지 들여놓고 나니, 여기에서 밥 먹고 잠드는 일이 잦아졌다. 어느 순간 침대마저 들어와 있었다. 그래서 결국 침실이 되었다.

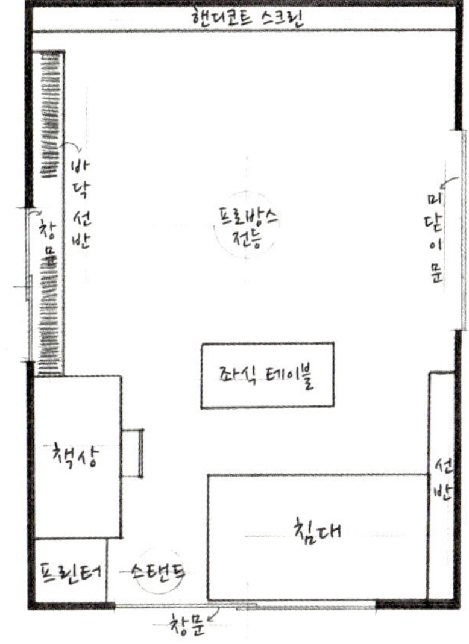

After

그리고 보니 왠지 연애를 위한 '작업실'처럼 되었다.

갖고 있던 모든 로망을 담았다.

셀프인테리어 도구들

아래 도구들은 인테리어 작업할 때 한 번쯤 사용하거나 들어보게 되는 것들입니다. 그렇다고 전부 필요한 것은 아니고 작업에 맞게 구비하시면 됩니다. 전동드릴, 직소기, 샌더기 같은 공구들도 5만원 내외의 제품을 구입하시면 충분합니다.

트레이 페인트를 담아 롤러에 페인트를 묻히기 좋게 만든 용기입니다. 롤러 크기보다 큰 것으로 구입하도록 합니다. 대부분 플라스틱으로 되어 있어 페인트가 굳어도 벗길 수 있습니다.

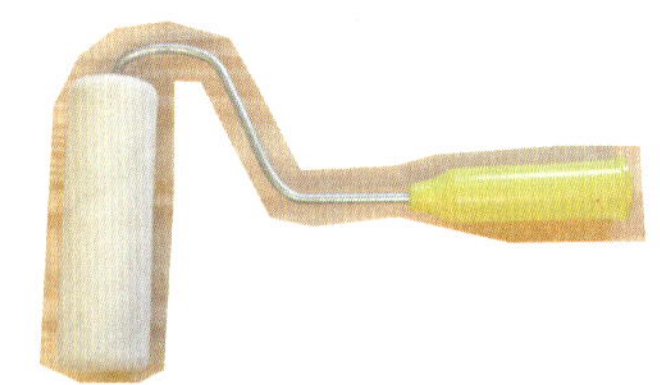

롤러 붓자국이 남지 않고 한 번에 넓은 면적을 칠할 수 있어 특히 벽면을 칠할 때 유용합니다. 보통 7인치나 9인치를 사용하며 털이 길수록 한 번에 페인트를 많이 머금을 수 있으나, 줄줄 흘러내리거나 튈 염려도 있습니다.

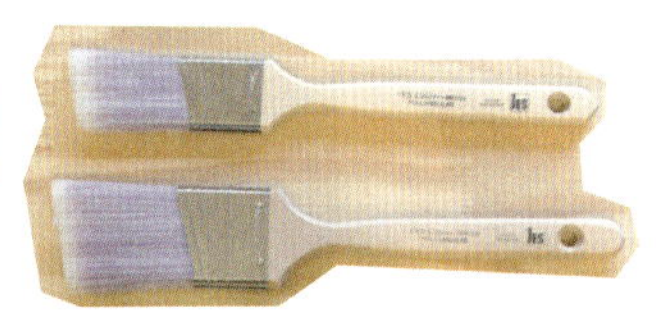

페인트붓 좁은 면적이나 롤러가 들어가지 못하는 부분을 칠할 때, 혹은 섬세한 작업이 요구될 때 사용합니다. 2~3가지 크기별로 구비해놓으면 좋습니다.

스펀지붓 붓자국이 남지 않고 페인트가 떨어지지 않아 가구를 칠할 때 좋습니다. 손잡이가 달린 다양한 크기의 스펀지붓을 구비하면, 사각 스펀지로 하기 힘든 섬세한 작업을 할 수 있습니다.

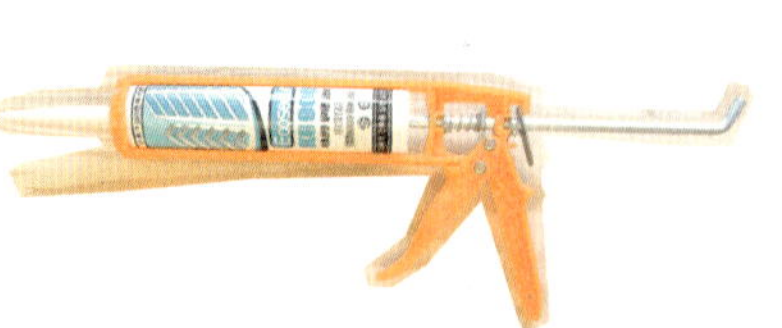

실리콘 나무나 플라스틱, 유리 등을 접착할 때, 욕실이나 창틀의 방수 마감 등에 사용합니다.

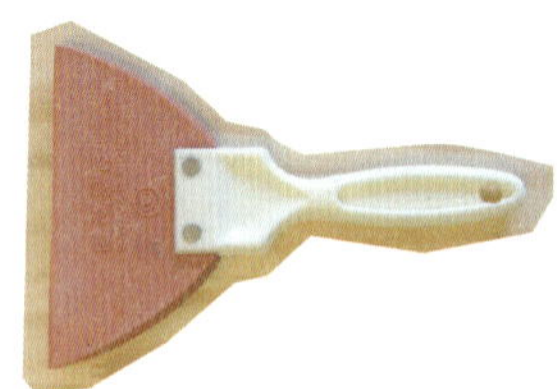

고무헤라 핸디코트를 바를 때 필수 도구입니다. 철헤라보다 부드럽고 고르게 바를 수 있습니다. 타일 줄눈 작업할 때도 유용합니다.

철헤라 핸디코트를 바를 때, 바닥이나 벽
에 붙은 이물질을 제거할 때 사용합니다.

사포 사포는 숫자가 낮을수록 입자가 거
칩니다. 50방이 500방보다 열 배 큰 알갱
이들이 있는 것이죠. 보통 DIY에서는 100
방과 220방을 많이 사용합니다.

목공용 본드 목재를 접착할 때 사용하는
본드입니다. 보통 201본드와 205본드를
사용하는데 205본드가 약간 비싸지만 더
강력합니다.

무선전동드릴 힘 조절이 쉬워서 나무에
나사못을 박을 때나 드라이버 용도로 사
용합니다.

직소기 가정에서 사용하기에 적당한 전기
톱의 일종입니다.

유선해머드릴 콘크리트나 철판에 구멍을
뚫을 때 사용합니다. 강력한 힘을 필요로
하기 때문에 유선 제품이 좋습니다.

샌더기 사포질해야 할 면적이 넓을 때 전
기의 힘으로 사포질을 할 수 있는 공구입
니다. 사각형과 원형 두 가지 모양이 있습
니다. 사각샌더기는 일반 사포를 잘라서
쓸 수 있고, 넓은 평면 작업에 좋습니다.
원형샌더기는 전용 사포를 구입해야 하지
만 모서리나 섬세한 작업에 용이합니다.

집에 영화관이 있다면 얼마나 좋을까

독실한 기독교 집안의 가장인 아버지는 일요일엔 아주 경건한 분위기를 원하셨다. 따라서 당시 어린이 예배 시간과 겹쳐 수많은 아이들을 교회에 못 가게 만들었던 '교회의 적' 〈디즈니 만화동산〉은 물론이고, 내가 너무 좋아했던 일요명화도 마음 놓고 볼 수가 없었다. 우리 삼남매는 TV프로그램도 매우 건전한 프로그램(동물의 왕국, 뉴스, 퀴즈 프로그램, 다큐멘터리 등등)만 보았다.

사자의 짝짓기 장면은 많이 봤어도 남녀가 2초 이상 키스하는 장면이 나오면 분위기가 어색해지면서 삼남매 중 한 명이 알아서 채널을 돌렸다. 난 어린 나이에도 오락 프로그램보다는 영화를 좋아했고, 장르를 가리지 않았다. 하긴 가릴 수도 없었다. 우리 집엔 유선 방송도 안 달았고, 비디오도 없었으니 TV에서 영화란 걸 볼 수 있는 기회는 1주일에 한 번 있을까 말까였다. 지금 내 또래로서는 웬만한 마니아가 아니면 보지 않았을 오래된 영화들도 그때 다 섭렵했다.

그래서 난 항상 집에 영화관이 있다면 얼마나 좋을까 생각했다. 어른이 되어 업으로 삼은 일 중 하나가 영상 분야이기에 좋은 영화를 큰 화면으로 보는 것은 나에겐 취미 이상의 의미를 지닌다. 그래서 이사를 하면서 숙원사업이었던 홈시어터 시스템을 간단하게 만들어보기로 했다. 침실 한쪽 벽면을 모두 핸디코트(석회)로 바르고 프로젝터를 쏘는 것이다. 더불어 침대 양쪽에 중저가 스피커만 놓아도 여기가 CGV일세! 처음 상영작은 〈블랙스완〉이었는데 눈앞에서 실물 크기의 나탈리 포트만이 하늘을 날아다니는 모습에 가슴이 벅찼다. 영화 때문인지 성공적인 홈시어터 시스템 때문인지 모르겠지만.

32

핸 디 코 트 스 크 린 만 들 기

핸디코트는 석회를 말합니다. 전에는 주로 홈을 메우는 용도로 사용해서 퍼티라고도 부릅니다. 점화탄을 번개탄, 인라인스케이트를 롤러블레이드라고 부르는 것처럼 핸디코트 역시 상표가 원래 이름처럼 불립니다. 천연 성분이고, 싸고, 바르기 쉽고, 취향에 맞게 질감을 표현할 수 있으며, 독특한 분위기를 낸다는 점이 장점입니다. 주로 쓰이는 종류는 기본적인 핸디코트, 가벼워서 벽지에 바르기 좋은 핸디코트 라이트, 습기에 강한 핸디코트 워셔블 등이 있습니다.

프로젝션용 벽을 만들기 위해 무광 흰색 페인트를 칠해도 되지만 벽지의 엠보싱이나 문양을 100퍼센트 가리지는 못하기 때문에 핸디코트를 발랐습니다. 핸디코트 라이트를 벽지 위에 그대로 바릅니다. 면적이 넓으면 고무장갑으로 푹푹 떠서 공간을 메운다는 생각으로 발라줍니다.

고무장갑으로 바른 핸디코트를 고무헤라로 고르게 펴줍니다. 철헤라보다는 고무헤라가 부드럽게 잘 발립니다.

반나절에서 하루 정도 말린 뒤 비어 있는 곳이나 울퉁불퉁한 곳을 다시 한 번 메웁니다.

헤라로 평평하게 바르는 게 힘들면 최종적으로 말린 후에 사포로 다듬어도 됩니다. 사포질을 하면 가루가 많이 날리니 마스크를 필히 착용합니다.

핸디코트의 무늬를 요철이 심하게 만들면 굳으면서 가루가 떨어질 수 있으나 일시적인 현상입니다. 색을 바꾸고 싶다면 표면에 페인트를 바로 칠해도 되고, 핸디코트와 페인트를 섞어 발라도 됩니다. 두 방법 모두 표면을 단단하게 만드는 효과가 있습니다.

투자가 아깝지 않다. 이건 결코 여자친구가 팝콘 콤보 세트를 사도 내가 11,000원 손해라서 하는 얘기가 아니다.

소녀감성 하나, 2미터 길이의 원목 선반 ↓

때려부숴도 된다는 집주인의 약속에 대답이라도 하듯 당당히 전셋집에 구멍을 뚫고 선반을 달았다. 선반은 수납용으로서도 훌륭하지만 멀뚱한 책장이나 장식장에 비해 미적으로도 아름답기 그지없다. 가로로 쭉 뻗은 구조가 시원시원한 데다 오픈된 공간에 줄줄이 진열된 책이나 수집품은 장식적 효과도 크다. 그 물건들을 하나하나 들여다보면 방 주인의 성격이나 취향, 더 나아가 인생관까지 엿볼 수 있다. 나는 셀프인테리어에 대한 강한 의지를 보여주는 페인트 통으로 가득 채웠다.

원 목 선 반 달 기

선반을 달기 위해서는 물론 제일 먼저 집주인을 구슬려야 하고 그다음엔 벽의 상태도 잘 보아야 합니다. 콘크리트 벽이라면 문제가 없지만 나무나 석고보드 벽은 지지하는 힘이 약해서 무거운 선반을 달면 떨어질 수 있습니다.

01

선반에 올릴 물건의 무게 등을 감안하여 원목의 두께와 너비를 정합니다. 150센티미터가 넘는 긴 선반을 만들 거라면 원목의 휘어짐을 막기 위해 두께 30밀리미터 이상을 권합니다.

02

선반 받침대 또한 원목 무게에 따라 크기가 달라집니다. 사진의 제품은 헤펠레 사의 브래킷으로 저렴하고 디자인이 좋아 많이 사용되는 제품입니다.

03

받침대의 나사가 박힐 자리를 표시하고, 해머드릴로 콘크리트 벽에 구멍을 뚫어줍니다. 목재용이 아닌 콘크리트 비트를 사용해야 하며, 플라스틱 앵커(칼블럭)가 완전히 들어가도록 동일한 지름과 깊이로 구멍을 뚫어야 합니다.

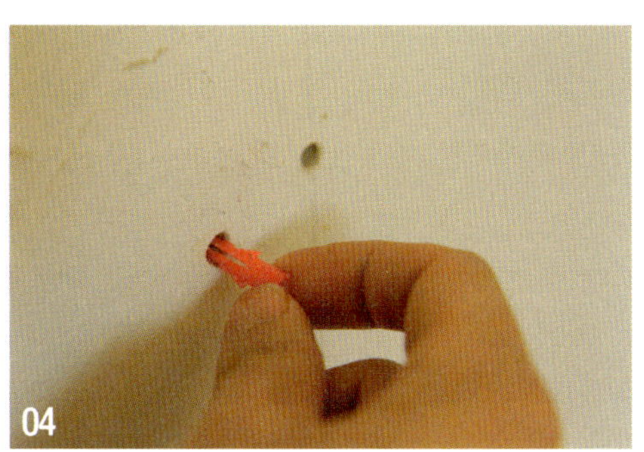

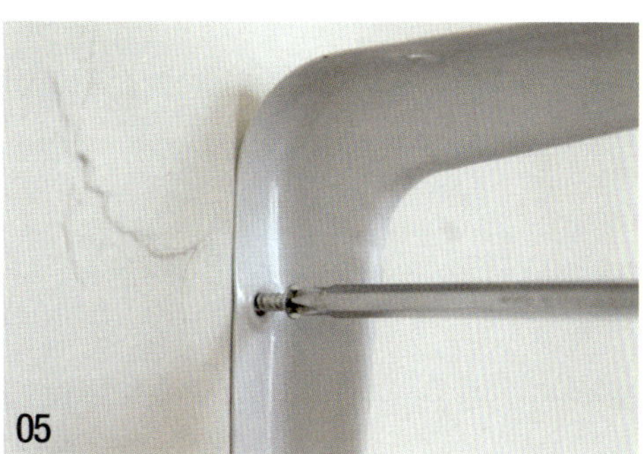

앵커를 구멍에 넣습니다. 뻑뻑하면 망치로 살살 두드려도 됩니다. 구멍을 작게 뚫는 것이 힘이 들지 않고 벽에도 무리를 주지 않기 때문에, 가정에서 사용하는 앵커는 작을수록 좋습니다. 보통 동네 철물점에서 지름 6밀리미터짜리를 구할 수 있습니다. 못을 단단히 박기 위해 꼭 필요합니다.

선반 받침대를 벽에 대고 나사못을 돌려서 고정합니다.

원목을 올려놓고 원목과도 나사못으로 고정시킵니다. 선반에 무거운 물건을 올리고 작업하면 편합니다. 나무는 재질이 무르기 때문에 힘을 주어 나사못을 돌리면 그대로 박힙니다.

드 릴   사 용 법

많이 사용하는 충전식전동드릴입니다. 배
터리를 충전하여 무선으로 사용할 수 있
으며 나무에 나사못을 박거나 자동 드라
이버 용도로 많이 사용합니다. 가볍고 조
용하며 힘 조절이 가능합니다.

이것은 유선해머드릴입니다. 전력이 많이
필요하므로 주로 유선으로 되어 있으며
해머 기능이 있어서 콘크리트를 뚫을 수
있습니다. 벽에 선반을 달 때는 이 드릴이
있어야 합니다. 무겁고 소리가 엄청나게
큽니다. 목재에 나사못을 박거나 할 때는
힘 조절이 잘 안 되기 때문에 나사못이 갈
리는 일이 많아 사용하기 불편한 점이 있
습니다.

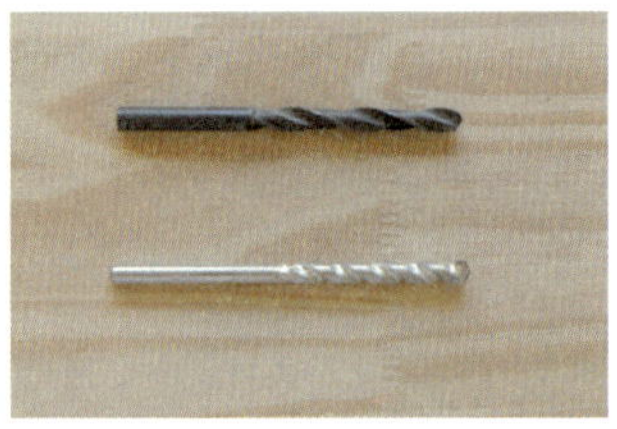

해머드릴은 사진처럼 드릴모드와 해머모
드가 있어서 일반목재 작업할 때와 콘크
리트 작업할 때 해당 작업에 맞게 스위치
를 이동해야 합니다. 해머모드로 작동하
면 타격을 하는 느낌이 납니다.

드릴 비트도 목재용과 콘크리트용이 따로
있습니다. 일반적으로 흔히 볼 수 있는 상
단의 검정 날이 목재용이며, 은색 날이 콘
크리트용입니다.

목재용 비트는 날이 날카롭고 끝이 뾰족
합니다.

콘크리트용 비트는 날이 깊지 않고 끝이
가오리처럼 납작하게 생겼습니다.

소녀감성 둘, 책으로 만든 선반

깐깐한 주인을 만나 벽에 구멍을 뚫을 수 없다면 책을 받침으로 이용한 선반도 만들 수 있다. 물론 책을 열심히 읽어 남는 책이 많아야 만들 수 있는 선반이다. '이렇게 아늑한 방이 되었으니 선반이 5단, 6단이 되도록 독서에 열을 올려야지'라고 생각했는데 너무 아늑해서 몇 페이지 읽다가 잠이 드는 부작용이 생겼다.

소녀감성 셋, 와이어 사진첩

작가가 되려면 감수성이 예민해야 한다. 사실 친구들이 게이 같다고 소개팅을 안 시켜줄까 봐 사진을 어여쁘게 매다는 것이 망설여지긴 했지만 추억을 꺼내는 것에 남녀가 따로 있나. 눈을 떴을 때 맨 먼저 보이는 사진들은 감성을 말랑말랑하게 마사지해줄 것이고, 가족들에게 전화라도 한 통 더 걸게 하겠지.

낡은 커튼 레일에 와이어를 걸어 좌우 이동이 가능하게 했다. 보기만 해도 기분 좋은 그녀의 얼굴이라면 머리맡에 두고, 착하긴 하나 아침부터 보기 거북한 고등학교 친구들이라면 발바닥 쪽으로 밀쳐두자.

와 이 어 사 진 첩 만 들 기

비가 그쳤다. 살짝만 열어놓은 창문 틈 사이로 붉디붉은
조각들이 빛나고 있었다. 집 앞 골목으로 나가 보슬비를
맞으며 바닥에 흩뿌려진 꽃잎 사진을 찍었다. 생명력이
다한 채 지나가는 발길에 차이겠지만, 마지막을 아는 듯
비를 맞아 더 붉게 타오르고 있었다. 사진을 프린트해서
와이어 사진첩을 만들었다. 영원히 살아 있을 꽃잎.

44

와이어, 와이어 고리, 자석을 준비합니다. 철물점에서 구입하거
나 인터넷에서 '액자 와이어'를 검색해도 됩니다.

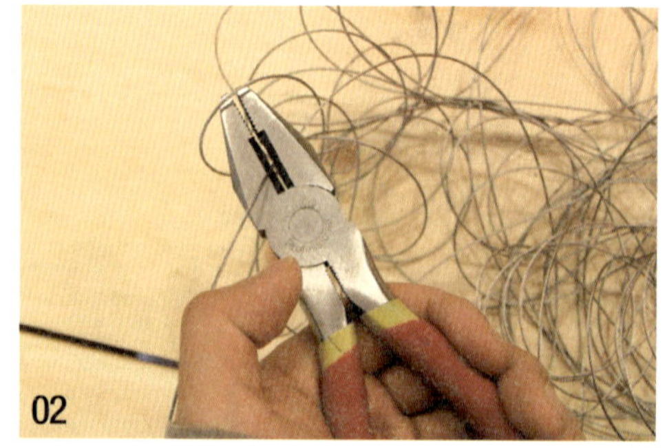

원하는 길이에 맞춰 와이어를 돌려가며 깔끔하게 자릅니다.

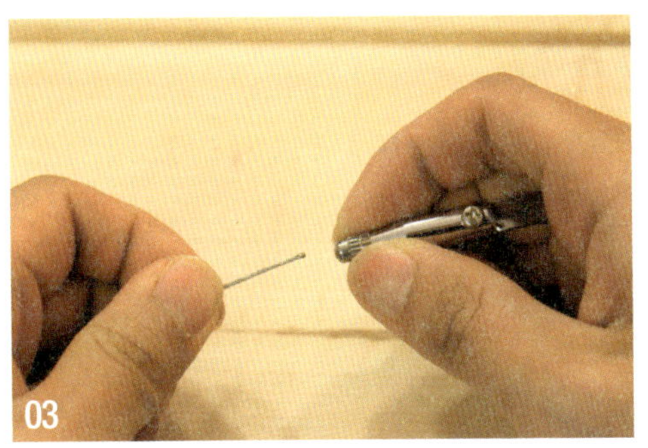

03

와이어 고리의 나사를 당겨 구멍으로 와이어를 밀어넣습니다.

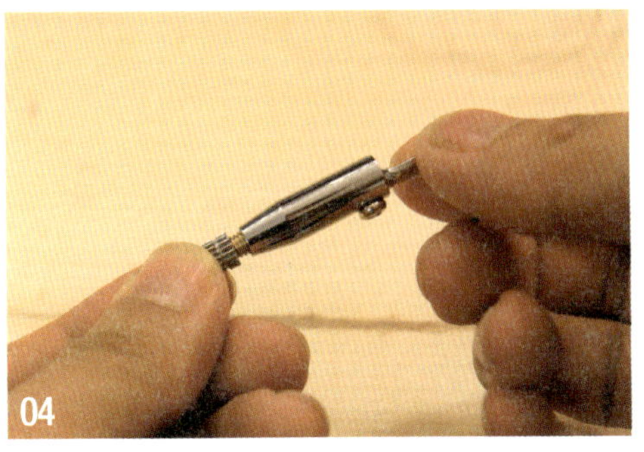

04

나사를 닫아 와이어를 고정합니다.

05

커튼 레일의 링에 고리를 끼웁니다.

06

사진을 와이어에 대고 미니자석으로 붙입니다. 사진이 크면 자석을 앞뒤로 붙여야 흘러내리지 않습니다.

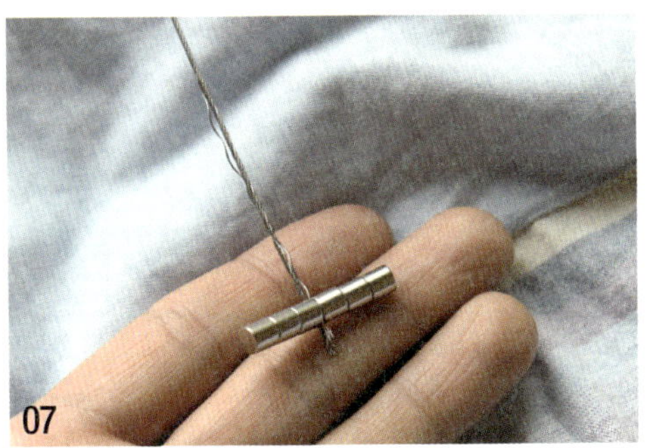

07

와이어 맨 아래에 남은 자석 뭉치를 달면 와이어가 흔들리지 않게 추 역할을 합니다.

08

커튼 링을 움직이면 와이어 간의 간격이 조절됩니다.

장 판 깔 기

요즘은 나무 느낌을 내기 위해 데코타일을 많이 깔지만 장판은 데코타일에 비해 시공이 쉽고 청소도 용이합니다. 두께감이 있는 고급 장판을 사용할수록 나무 느낌이 강해지고 표면이 단단하여 발바닥에 쩍쩍 달라붙지도 않습니다.

방 크기보다 10~20센티미터 여유 있게 장판을 주문합니다.

장판용 본드를 시멘트 바닥에 군데군데 발라줍니다. 두꺼운 장판이라면 무게감이 있어 본드를 많이 바르지 않아도 밀리거나 들뜨지 않습니다.

03

바닥 위로 올라올 정도로 장판을 깐 뒤 장판 자체로 걸레받이를
할 거라면 5~7센티미터 남기고 반듯하게 자르고, 따로 걸레받
이를 설치할 경우 위 사진처럼 바닥과 벽의 경계선에 맞춰 칼로
잘라냅니다.

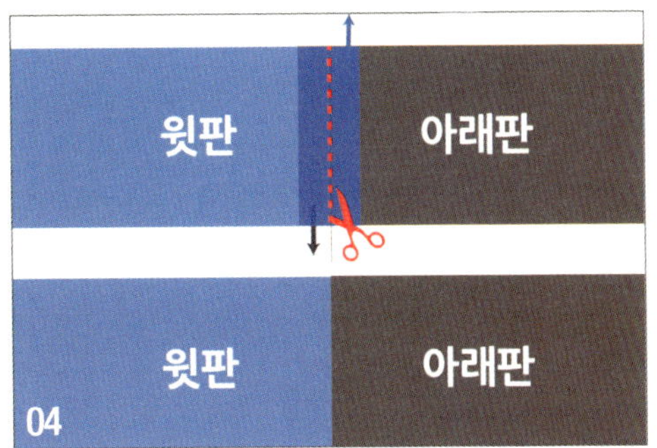

04

장판은 보통 180센티미터 단위로 나오기 때문에 대부분의 방에
는 두 장 이상 깔게 됩니다. 겹치는 부분은 깔끔하게 잘라주는
것이 좋습니다. 먼저 두 장판이 만나는 부분을 겹치게 하여 장판
이 움직이지 않도록 테이프를 붙입니다. 첫 번째 그림처럼 나무
무늬의 경계선 중 하나를 골라 티가 안 나게 나무 무늬 경계선을
따라 두 장판을 칼로 동시에 자릅니다. 그리고 윗 장판의 잘린
부분과, 아래 장판의 잘린 부분만 빼면 됩니다.

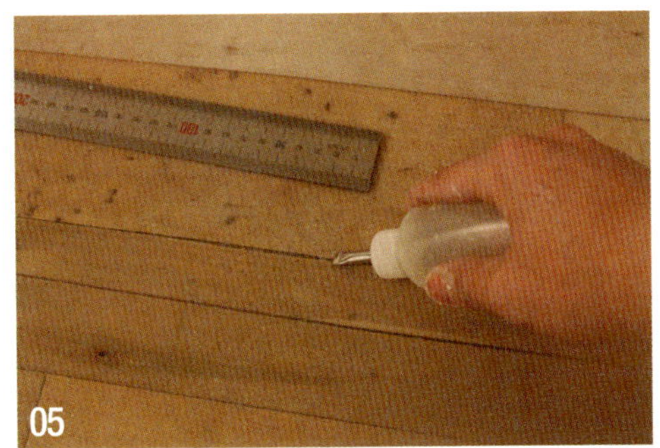

05

칼질을 조금씩 잘못해서 틈이 생겼다면 용착제를 발라줍니다.
투명하게 굳어서 틈 사이로 때가 안 끼도록 하는 것입니다. 용기
앞부분이 T자로 생겨 틈에만 발리도록 되어 있습니다.

06

장판은 종류에 따라 재활용을 할 수도 못 할 수도 있습니다. 걷
어낸 장판을 처리하는 가장 확실한 방법은 근처 고물상에 공짜
로 가져가시라고 하는 겁니다. 종류에 따라 돈을 약간 받고 팔
수도 있습니다.

물이 나오지 않는다

물이 나오지 않는다. 단수인가 싶어 상수도사업본부 홈페이지도 가보고 지식인 검색도 해보는데 답이 없다. 다른 집도 물이 안 나오는지 알아보려고 수도 요금을 같이 내는 윗집, 아랫집을 찾아가보았다. 윗집에서는 날 볼 때마다 미친 듯이 짖어대는 강아지가 한 마리가 아니라 두 마리였다는 사실만 알게 되었고, 아래층 레지던트라는 분은 이사 후 한 번도 못 보았는데 역시나 기척이 없다. 집주인에게 전화로 알려본다. 따로 사는 집주인은 계약한 부동산에서 설비하시는 분을 알려줄 거라고 했다.

부동산에 가서 이야기를 했더니 아저씨는 "왜 물이 안 나오지?"라는 말을 내뱉고 약 10초간 침묵. 그러면서 나를 빤히 쳐다보신다. 아! 난 계약할 때부터 아저씨의 기름진 눈길이 싫었다. 그리고 아저씨는 바쁜 일이 있는지 나가시면서 옆 테이블의 아저씨하고 이야기해보라고 하셨다. 그 아저씨는 약간 한심하다는 투로 말했다.

"인자 계량기도 볼 줄 알고 그래야 돼. 마당 어디 가보면 다 있어. 그게 돌아가믄 통하고 있는 거고⋯⋯."

계량기? 마당은 아니고 입구 쪽에 쭉 늘어서 있던 플라스틱 뚜껑이 그건가 보다. 집으로 돌아와 플라스틱 뚜껑들을 열어보았다. 한 건물에 워낙 많은 세대가 있어 계량기도 많다.

아래층에 사시는 아저씨가 담배 피우러 나오셨다가 내 모습을 보고 관심을 가져주신다. 이건 어느 집 것이고, 저건 위층 것 같고. 어라? 이건 새로 달았네. 이것저것 해본 끝에 우리는 수도사업부에서 계량기를 새로 달아놓고 잠근 채 가버렸다고 결론지었다. 한참 뒤에 안 사실이지만 위층 할아버지가 어딘가 물이 새는 것 같다고 잠근 것이었다. 아래층 사는 아저씨와는 3개월 만에 처음으로 대화를 나누고 얼굴을 익히고 이 복잡한 건물의 세입자들에 대해서 들었다. 수도계량기라는 걸 열어본 것은 처음이었다. 또래 친구들도 대부분 나와 비슷할 것이다. 깔끔하고 정돈된 동네에서는 이런 일이 생길 리도 없거니와 문제가 있더라도 지나가다 "거 뭐 안 돼요?"라고 물어보는 이웃도 없을 터였다. 이런 일은 참견하시기 좋아하는 이웃 어르신한테 물어보는 게 가장 좋다. 이 집은 뭔가 복잡하고 귀찮으면서도 이웃들과 소통하게 하는 일들을 자꾸 만든다. 그리고 공부 열심히 해서 대학을 나오고 전문직에 종사했어도 모르고 살았던 수도계량기에 대해서 알려주기도 한다.

물을 틀어도 계량기가 안 돌아가면 계량기가 잠겨 있거나 다른 이상이 있는 것.
반대로 보일러를 작동시키지 않고 물을 틀지도 않았는데 계량기가 돌아가면 누수를 의심해야 한다.

감성을 유지하며 산다는 게 만만치 않다.

현실은 비가 샌다

물이 안 나와도 문제지만 장마가 길어 비가 새도 문제이다. 외과의가 수술을 집도하듯 천장에 고인 물을 뺐다. 재개발 지역의 허름한 집을 싸게 구해서 샤방샤방하게 고쳐 산다는 것은 그리 만만치 않다.

첫째로, 인테리어를 바꾸는 것은 재개발 지역이냐 아니냐의 문제가 아니라 집주인을 설득할 수 있느냐의 문제이다.

둘째, 오래되고 허름한 집에 살면 겉은 바꿀 수 있어도 속에서 이런저런 문제들이 많이 발생한다.

셋째, 언제 재개발될지 모르는 상황이 세입자에게는 불안 요소로 작용한다.

이 집의 누수 문제는 계약할 때부터 장마 전에 해결해주기로 약속이 되어 있었다. 그런데 옥탑에 7년 동안 사셨던 노부부 세입자와 이 집을 산 지 3개월 된 새 주인 간의 입장 차이로 인해 미뤄졌다. 막상 비가 새기 시작하자 집주인이 급하게 인부더러 옥상의 잡동사니부터 치우게 했는데, 오밤중에 약주 한잔 걸치고 돌아오신 할아버지가 가택침입으로 경찰에 신고를 한 일도 있다. 그날 밤, 술을 드신 할아버지의 되풀이되는 한탄을 들어드리고 있자니 불법점거라는 집주인과, 보증금을 안 주면 안 나간다는 할아버지 중 누가 맞는지 점점 더 모호해졌다.

결국 장마가 다 끝나고 나서야 할아버지는 이사를 가고 공사가 시작되었다.

현실의 복잡다단한 일들은 사람들에게만 생기지 않는다. 애증의 관계였던 강아지들은 시끄럽다는 이웃들의 민원과 주인 노부부의 이사 때문에 두어 달 전부터 사라졌다. 할아버지가 안락사 시키려고 했지만 동물병원에서 아직 어려 안 된다고 해서 아는 분에게 돈을 쥐어주고 키우든지 버리든지 알아서 해달라고 했단다.

이상적인 인생관을 가지고 있고 감성을 유지하면서 살려고 한다. 하지만 삶이라는 게, 관계라는 게, 사회라는 게 그리 간단하게 굴러가지만은 않는다. 올해부터 제일 싫은 계절은 여름이 되었다.

SNS에는 시시콜콜한 대화가 범람하지만 정작 마주 앉은 사람과는 대화가 없다. 눈을 보고 소소한 일상의 이야기, 각자의 고민과 한탄, 인문학과 철학에 대한 이야기까지 하고 싶다. 모든 대화는 연애 이야기로 귀결된다는 깔대기 효과란 것도 있으니 연애와 결혼에 대한 이야기도 빠질 수 없겠지.

카페 같은 거실 ⑬

혼자라고
낭만을
모르겠는가

Before

그동안 너무 절제만 하고 살아온 것 같다.

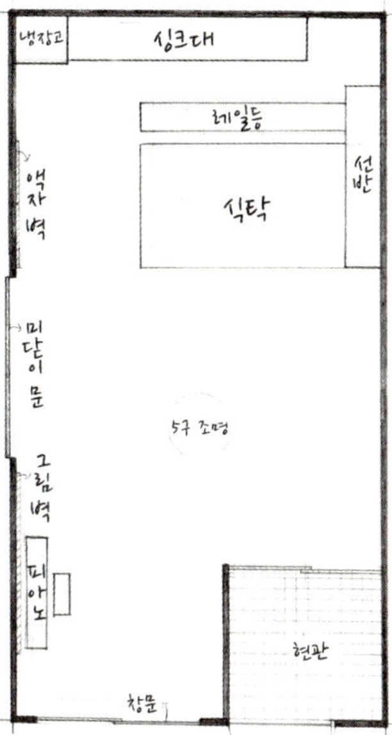

그래서 벽을 빨갛게 칠해버렸다.

After

쌀을 씻다가 눈 맞을 수 있는 부엌을!

방도 하나의 액자처럼 보이게.

수성페인트, 너만 있으면 돼

페인트칠을 처음으로 시도한 것은 첫 자취방을 계약하고 나서였다. 홍대에 있는 작은 원룸이었는데 당시 인기였던 드라마 〈커피프린스〉에 심취하여 홍대 분위기를 느껴보려고 얻은 방이었다. 하지만 드라마와 달리 실상은 노란 국민장판에다 기린과 원숭이와 악어가 300마리 정도 그려진 벽지로 도배된 곳이었다. 이사 첫날 잠이 오지 않아 벽지 속 기린의 수를 셌던 기억이 있다. 자취방에 대한 로망을 저버릴 수 없어서 난 집주인한테 말도 하지 않고 벽과 문을 하얗게 칠했다. 그리고 한쪽 벽에는 내가 이선균이라도 된 것마냥 드라마 속 침실에 나왔던 애플그린색 페인트를 칠했다. 나중에서야 아무리 좋게 바꾼다고 하더라도 전셋집을 마음대로 바꿔서는 안 된다는 것을 알게 되었다. 게다가 은행에서 정년퇴임한 집주인 아저씨는 내가 여태까지 만난 사람 중에 가장 짠돌이인 데다 본인 위주의 사고방식을 가진 사람이라는 것도 알게 되었다. 그러던 어느 날 화장실 수도호스에 구멍이 나서 내가 회사에 있는 동안 아저씨가 내 방에 들어갈 일이 생겼다. 혼자 안절부절못하는 사이에 아저씨한테서 문자 한 통이 왔다.

'총각, 너무 너무 환상적이야. 언제 이렇게 바꿔놓았나. 호스 교체비는 서비스! ♥♥♥'

환갑이 가까운 아저씨한테서 하트를 세 개나 받을 줄이야.

그 일을 계기로 나는 수성페인트를 사랑하게 되었다. 내 어깨를 아프게는 하지만 혼자 작업하기 쉽고, 냄새도 없고, 심플하고, 세련된 느낌을 주기 때문이다. 이 녀석들만 있으면 방이며 창틀이며 싱크대까지 분위기를 확 바꿀 수 있다. 침실의 키워드는 감성&휴식이었기 때문에 파스텔 톤을 사용했지만 거실의 키워드는 모던&모임이라고 정하여 검정과 빨강을 선택했다. 집이 평범한 구조에 너무 낡고 마감이 제대로 되어 있지 않아 웬만한 인테리어로는 모던은커녕 깔끔한 느낌도 주기가 힘들 것 같았다. 그래서 대비가 강한 색상들로 시선을 끌어 집의 단점을 가린 것이다. 또한 붉은색은 로맨틱한 분위기를 낼 수도 있고, 식욕을 돋우는 효과도 있어 부엌과 잘 맞는 색이라고 생각했다. 하얀색 문도 원래 벽지 속에 있을 때는 그저 그랬는데 빨간 벽을 만나니 빛이 났다. 붉은색 벽은 이처럼 좋은 점이 많다. 딱 하나 단점이라면 밤에 물 마시러 나왔다가 벽을 보고 흥분이 되어 잠이 안 온다는 것 정도?

페인트 완전 정복

질문 1. 유성페인트와 수성페인트의 차이는 무엇인가요? 말 그대로 희석제가 기름이냐 물이냐의 차이입니다. 두 종류 모두 여러 용도로 사용할 수 있습니다. 유성페인트는 표면이 오염에 강하나 냄새가 독하고 희석하거나 수정할 때 시너를 사용해야 합니다. 반면에 수성페인트는 물을 사용하기 때문에 편리하고 냄새가 심하지 않아 가정에서 많이 사용합니다. 요즘은 국내외에서 친환경 수성페인트가 많이 출시되고 있습니다.

질문 2. 가구용 페인트와 벽지용 페인트는 무엇이 다른가요? 회사에 따라 가구, 벽지 구분 없이 나오기도 하고, 분리되어 나오기도 합니다. 두 페인트는 외관이나 칠할 때 느낌 차이가 거의 없습니다. 그렇지만 가구는 마찰이 생기기도 하고 걸레질을 해야 할 때가 있기 때문에 가구용 페인트가 접착력이 더 좋고 표면이 단단하게 굳도록 만들어졌습니다. 그래서 바니시를 발라줄 필요가 없다고 합니다만 강한 표면을 만들기 위해 바니시를 덧바르기도 합니다. 가격은 가구용이 벽지용에 비해 20퍼센트 정도 더 비쌉니다.

질문 3. 무광과 유광은 어떻게 다른가요? 페인트를 발랐을 때 빛이 반사되어 반짝이는 정도의 차이입니다. 광도가 있을수록 표면이 매끄럽고 단단하긴 합니다만 용도의 차이보다는 취향의 차이라고 할 수 있겠습니다. 천장은 보통 전등이 설치되어 있어 무광을 바르고, 벽면은 무광이나 광이 약간 나는 저광을 바릅니다. 가구나 문은 취향에 따라 무광, 반광, 유광 등을 선택해서 칠하시면 됩니다.

질문 4. 페인트는 벽지를 뜯고 발라야 하나요, 벽지 위에 발라야 하나요? 둘 다 가능합니다만, 첫째, 벽지를 깨끗이 뜯어내는 게 페인트칠하는 것보다 훨씬 힘이 듭니다. 여러분의 벽 속엔 여러분이 모르는 이 집의 역사가 고스란히 몇 겹이나 덮여 있을지 모릅니다.
둘째, 여러분이 세입자라면, 아니면 집주인이라고 해도 나중에 마음이 변하면 페인트나 핸디코트를 제거해야 할 날이 올지도 모릅니다. 그때 벽지랑 같이 뜯는 게 나을까요, 시멘트 위에 칠해진 페인트를 일일이 벗겨내는 게 좋을까요? 이런 이유로 그냥 벽지 위에 바르는 게 좋습니다.

질문 5. 어떻게 칠하나요? 롤러, 붓, 스펀지 등을 이용해서 칠할 수 있습니다. 벽면처럼 넓은 곳은 롤러로 칠하는 것이 빠르며, 롤러가 미치지 못하는 부분은 붓으로 칠합니다. 가구에 칠을 할 때는 스펀지를 이용하면 붓 자국이 많이 남지 않고 흘러내리지 않아 유용합니다. 보통 두세 번 칠해야 농도 차이가 없이 고르게 칠할 수 있는데 한 번에 두텁게 바르는 것보다 얇게 여러 번 칠하는 게 튼튼합니다. 그리고 한 번 칠한 뒤에는 충분히 말리고 나서 다시 칠해야 자국이 남지 않고 표면도 강해집니다.

질문 6. 페인트의 색상은 어떻게 고르나요? 페인트 회사마다 컬러차트를 제공하니 거기에서 마음에 드는 품목을 구입하면 됩니다. 다만 모니터에 따라 색상의 차이가 나며, 페인트칠할 곳의 빛의 양이나 종류에 따라서도 색상이 많이 달라집니다. 그리고 페인트 통에 들어 있을 때와 칠한 뒤 마르고 나서의 색상도 다릅니다. 일단 작은 면적을 칠해 본 후 마르고 났을 때의 느낌을 봅니다. 생각했던 것과 다를 경우 시중에 파는 아크릴 물감을 조금씩 섞으면서 원하는 컬러를 만들어보세요.

질문 7. 유광 페인트? 유광 바니시? 광도는 마지막 마감재의 영향을 받습니다. 예를 들어 무광 페인트 위에 유광 바니시를 바르면 유광이 됩니다. 따라서 무광이나 유광 바니시를 칠할 계획이라면 가격이 저렴한 낮은 광도의 페인트를 바르는 게 좋습니다.

질문 8. 프라이머, 페인트, 스테인, 바니시의 차이 프라이머는 젯소라고도 부르며 매끈한 플라스틱, 금속, 목재에 먼저 발라 페인트가 잘 붙게 만듭니다. 페인트는 나무 표면에 칠하면 흡수되지 않고 코팅이 되지만 스테인은 나무에 흡수되어 투명하게 나뭇결을 살립니다. 바니시는 페인트나 스테인 작업을 하고 나서 투명하게 코팅을 해주어 오염이나 물기에 강하게 해주고 광을 내는 용도로 사용하기도 합니다.

혼자 사는 남자에게도 8인용 식탁이 필요하다

혼자 사는 주제에 무리해서 커다란 부엌과 마당이 있는 집으로 이사를 온 데에는 이유가 있다. 이 집이 좁디좁은 내 인맥확장에 큰 역할을 해줄 수 있다면, 마당에서 고기를 굽고 큰 식탁에 둘러앉아 하하호호 웃으면서 밤이 깊도록 이야기를 할 수 있다면, 그 정도 투자를 할 가치가 있다고 생각했다. 이사하고 나서 거실 인테리어 작업을 끝내자마자 집들이를 6번 했다. 직장 동료들을 초대하기도 했고, 몇 년간 보지 못했던 대학 선후배들과 음식을 해 먹고, 남자들끼리만 모여서 맥주와 기름기 넘치는 피자를 시켜 먹으면서 카드놀이를 하기도 했다. 이 모든 것을 가능케 한 것은 7만원으로 만든 8인용 원목식탁이었다.

하와이에 있는 선배와 일본인 친구가 며칠 묵으면서 집이 잠깐 게스트하우스가 되기도 했는데, 때마침 초대한 많은 지인들과 이 테이블에서 인생과 서로의 나라와 문화에 대해 이야기를 나누었다. 손님들이 출국하던 날, 회사 출근 때문에 배웅을 못 했는데 퇴근해보니 독신남을 위해 몰래 밑반찬을 만들어놓았다. 한글과 영어로 쓴 편지를 읽으면서 멸치볶음을 먹는데, 차도남의 가슴은 따뜻하다 못해 뜨거워졌다. 아무래도 밥은 배만 채우는 게 아니고, 식탁은 밥만 먹는 곳이 아닌가 보다.

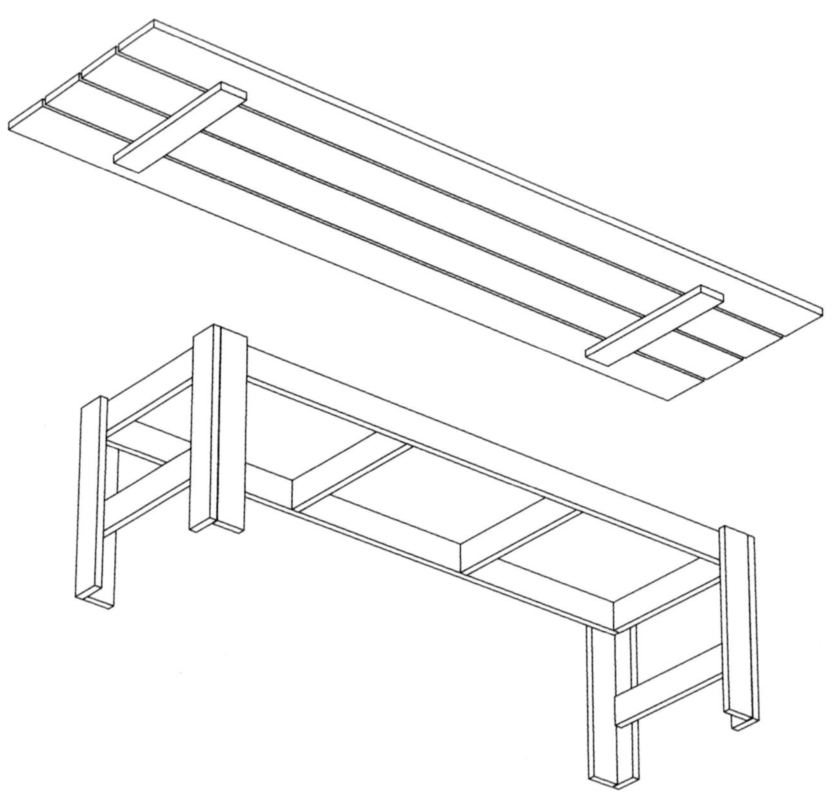

견고함은 부족할지 몰라도 가장 저렴하고 가장 간단하게 만들 수 있는 구조의
식탁입니다. 상판을 프레임에 얹어 끼우는 식이라 둘을 분리할 수 있어서 옮
길 때 편리합니다. 남자 둘이서 전동드릴과 나사못으로 두 시간 만에 만들었
습니다.

목재를 구입합니다. 미리 설계를 해두면 목재를 낭비하지 않을 수 있습니다. 목재소에서 계획된 치수에 맞게 절단을 해오면 작업하기 훨씬 수월합니다.

상판 크기에 맞추어 기차 레일 모양의 프레임을 만든 다음 나사못을 이용해 다리를 ㄱ자 모양으로 달아줍니다. 식탁의 높이는 70센티미터 내외로 하는 게 편합니다.

다리끼리 고정되도록 중간에 덧대면 다리가 틀어지는 걸 막아줍니다.

아래쪽 받침 구조가 완성되었습니다.

상판은 판재 4개를 연결하여 만들었습니다. 연결시키는 판재를 프레임에 쏙 들어가는 크기로 만들면 상판이 움직이지 않게 고정하는 역할도 합니다.

상판을 프레임에 맞게 끼워서 올리면 됩니다. 이렇게 긴 식탁은 상판을 연결하는 판재의 개수가 많을수록 뒤틀림과 요철을 막을 수 있습니다. 상판에는 음식물을 흘릴 수도 있으니 바니시를 발라 마무리합니다.

목재 구입

목재는 근처 목재소나 인터넷 사이트에서 구매할 수 있습니다. 동네목재소의 장점은 뭐니 뭐니 해도 운반하기가 편리하다는 점입니다. 그리고 직접 얼굴을 보고 구입을 하다 보니 무료로 절단을 해주는 곳이 많습니다. 단, 목재소마다 취급하는 목재의 범위가 다르고 가격도 다릅니다.

온라인에도 유명한 목재소 사이트나 DIY 사이트가 몇 군데 있습니다. 가격이 저렴한 편이며 다양한 크기와 종류의 목재를 구입할 수 있습니다. 다만 배송비와 절단 비용 등이 추가로 들어가고, 배송되기까지 시간이 꽤 걸릴 수 있습니다. 일정 크기 이하로 절단하면 택배 배송을 받을 수도 있고, 크기가 큰 목재는 화물택배나 용달차로 배달을 받아야 합니다.

일반적으로 많이 사용하는 DIY용 원목

스프러스 가볍고 색이 밝으며 가공하기 쉬워 DIY에 많이 사용되는 원목입니다.

레드파인 스프러스와 흡사하나 약간 더 무겁고 붉은색이 돕니다.

삼나무 가격이 저렴하고 향이 많이 납니다. 피톤치드 방사량이 많아 어린이 방에 많이 씁니다.

미송 침엽수 중에서는 가장 강하고 변형이 적어 튼튼해야 하는 가구에 좋습니다.

집성 방식에 따른 목재 종류

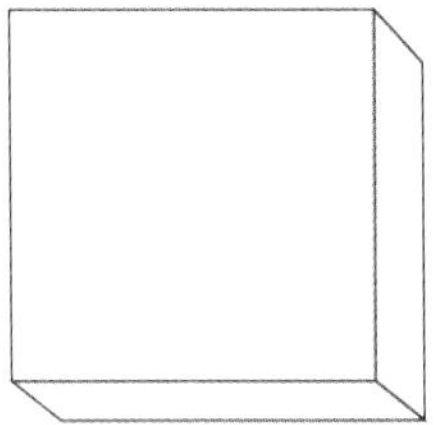

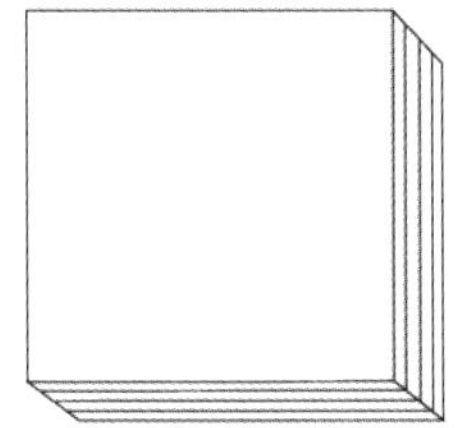

원목 나무를 잘라서 일정 가공을 거친 목재입니다. 나무 본래의 아름다움을 가지고 있습니다. 하지만 넓은 판을 얻기가 힘들고 가격이 비쌉니다. 종류에 따라 시간이 지나면서 휘어짐이나 갈라짐이 발생할 수 있습니다.

합판 얇은 목재를 겹겹이 붙여서 만든 판으로 주로 넓은 판재 용도로 많이 사용합니다. 변형이 매우 적습니다.

MDF 톱밥 등을 접착제로 압착한 것으로 나뭇결 무늬가 없습니다. 저렴한 가구에 주로 사용되며 표면에 나무 무늬나 컬러 시트지를 붙여서 사용하는 경우가 많습니다. 수분에 약하고, 포름알데히드가 포함된 접착물질을 집성목이나 합판에 비해 많이 사용하기 때문에 새가구 증후군을 유발하기도 합니다.

집성목의 종류

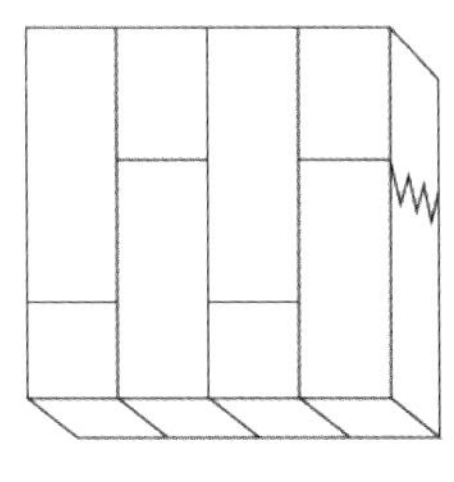

사이드핑거 조인트

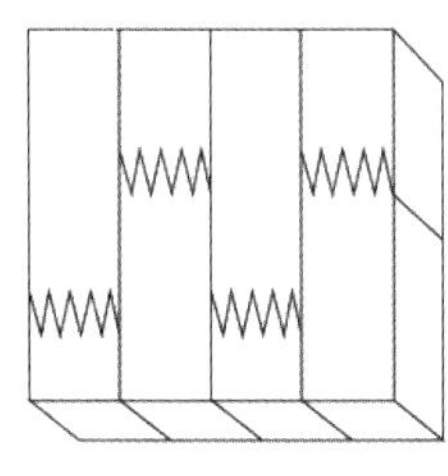

탑핑거 조인트

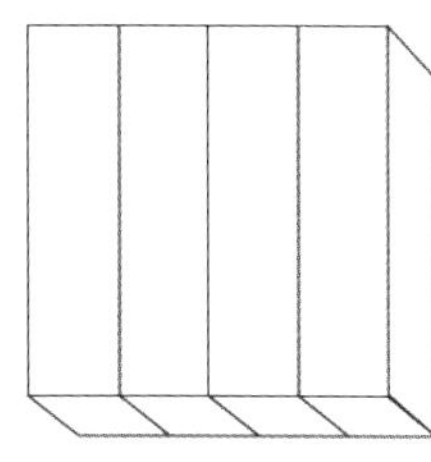

솔리드 방식

집성목 원목을 일정한 크기로 잘라 접착제로 붙여서 만든 것을 말합니다. 원목이 가지는 크기의 한계를 해결주어 가구에 자주 사용됩니다. 결이 다른 나무 조각들을 붙였기 때문에 휘어짐이 적습니다. 양 손가락을 깍지 낀 듯한 핑거조인트 방식은 저렴하지만 접합면이 눈에 띕니다. 반면 한 방향으로만 접합한 솔리드 방식의 집성목은 원목과 흡사한 느낌이 나기 때문에 인기가 많습니다.

나만의 갤러리, 사진 벽

자발적 강제성이란 게 있다. 아무리 좋아하는 것이라도 게으름 앞에서는 장사가 없기 때문에 일종의 틀을 마련해놓는 것이다. 이사를 하고 집을 고쳐나가는 것도 창의적 작업을 위한 분위기와 틀을 만들기 위해서이다. 그런 의미에서 거실 벽을 사진과 그림을 전시하는 작은 갤러리로 만들기로 했다. 사진을 넣은 액자가 벽면을 다 덮어 더는 빈 공간이 남아나질 않는 것이 목표이다. 손님들이 오면 유심히 들여다볼 수밖에 없기에 자존심을 걸고 사진을 찍게 된다. 한낱 셋집 거실일 뿐이지만 많은 사진 중에서 어떤 것을 액자에 담을 것인가 고뇌하는 모습은 여느 화랑 주인 못지않다. 사진 작업에 열을 올리게 되는 것도 좋은 일이지만 사진 하나하나가 이야깃거리가 된다는 것이 정말 큰 도움이 된다. 넓은 식탁에 앉으면 바로 옆 사진들에 시선이 갈 수밖에 없다. 스페인에 배낭여행 갔을 때 만난 사진 속 할아버지 이야기를 하다 보면 이야기는 꼬리에 꼬리를 물어, 여름휴가 때 같이 제주도 여행을 가자고 계획하는 지경에 이르기도 한다.

추억으로만 남은 여행이 다시 이야깃거리가 된다.

벽의 그림에는 계절에 따라 푸른 잎이나 단풍잎을 그려 넣기도 한다.

나만의 갤러리, 그림 벽

남은 페인트로 벽면에 점묘화를 그리기도 하고, 대형 캔버스를 만들어 그림을 그리기도 한다. 나뭇가지만 그렸다가 계절이 바뀌면 푸른 잎이나 단풍을 그려 넣기도 한다. 시각디자인학과를 졸업했지만 초등학교 때 이후로 그림을 자발적으로 그려본 적이 없었다. 고등학생 시절 난 이과를 선택했고 남들 하듯이 컴퓨터 관련 학과로 갈 생각이었다. 그러던 중 부모님 몰래 하던 PC통신을 통해 우연히 미대 지망생이었던 한 살 위의 누나와 펜팔을 하게 되었다. 지방 명문고의 과도한 경쟁에 찌들었던 나는 창의적인 삶에 대해 토로했고, 얼굴 한번 본 적 없는 누나의 충고로 수능을 몇 달 앞두고 예체능으로 전향했다. 선생님과 부모님의 우려 속에서도 고집을 피웠던 것은 지금 그림을 그려보면서 느끼는 재미와 설렘을 그때도 간절히 바랐기 때문일 것이다.

나는 실기시험을 치르지 않고 성적으로만 입학한, 일명 '비실기'였는데 이 점은 대학 생활 내내 나에게 콤플렉스가 되었다. 대부분의 수업에서 컴퓨터를 사용했기 때문에 큰 문제는 없었지만 손에 연필만 잡으면 무엇이든 그려내는 친구들이 항상 부러웠다. (지금은 내가 이것저것 뚝딱뚝딱 만들고 그리면서 가장 '실기적으로' 살고 있어, 마우스와 전화기만 잡는 친구들이 부러워하고 있다.) 액자와 그림 프레임은 기본적으로 시각적 틀 역할을 하지만, 동시에 열정과 취미의 틀로서도 작용하는 것이다. 그리고 연작 사진의 대가 듀안 마이클의 기법으로 거실에서 보는 내 방도 하나의 액자처럼 보이게 하여, 그 속에 살고 있는 나를 예술화시켜 '일상을 예술화하기'란 모토를 역으로 적용시키는 놀라운 효과를 위해 몰딩과 걸레받이를 검은색으로 계산해서 만들었다고 말하면 믿어줄까나? 어쨌든 방 안에서 보이는 프레임 속 부엌 풍경도 마음에 든다.

BLUES & JAZZ
A FIRST REPERTORY FOR EARLY-GRADE PIANISTS
SELECTED AND EDITED BY
DENES AGAY

대형 캔버스에 그림 그리기

때로는 부족한 상황에서 좋은 아이디어가 탄생할 때가 있습니다. 큰 사이즈의 캔버스를 구입하기 힘들어서 스스로 엄청 큰 캔버스를 만들었고, 그림을 잘 못 그리기 때문에 아이디어를 짜내다가 물감이 흘러내려서 멋진 사슴뿔 그림을 완성했습니다.

01

4센티미터 각재를 원하는 길이로 자른 후에 목공용 풀과 ㄱ자 꺽쇠를 이용하여 연결합니다.

02

목공용 풀이 마르는 동안 캔버스 천을 크기에 맞게 자르고 다림질을 합니다.

03

천 위에 목재 프레임을 올리고 물을 뿌려줍니다. 물을 뿌리는 이유는 나중에 물이 마르면서 천이 빳빳하게 펴지기 때문입니다. 그리고 타카로 천을 목재에 고정합니다.

모서리 부분도 상자 포장하듯이 접어서 타카로 고정하고 실밥 등을 정리해줍니다.

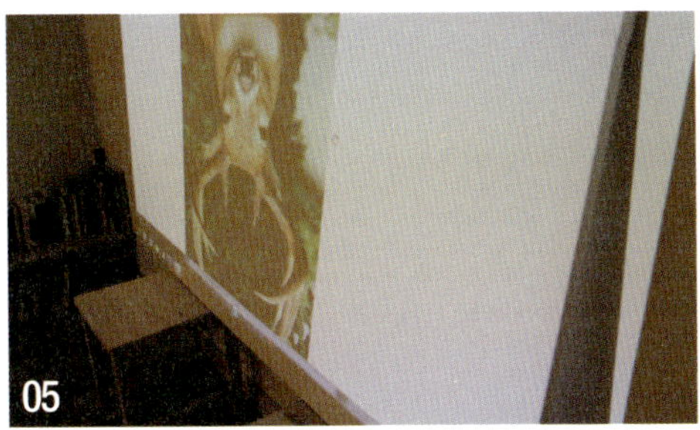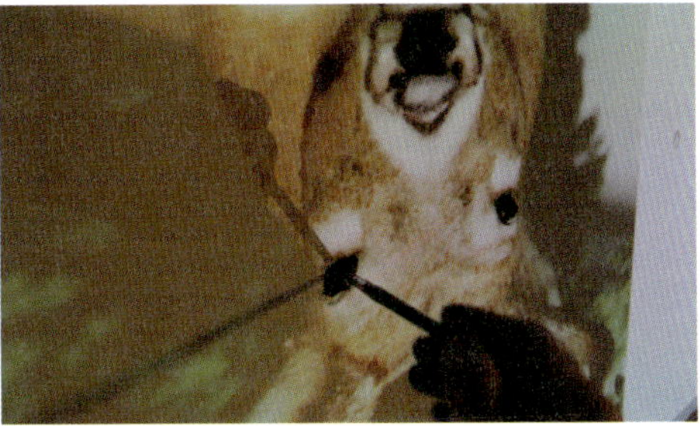

저처럼 그림에 자신이 없는 사람은 프로젝터를 이용할 수 있습니다. 캔버스에 사진을 영사하고 밑그림을 그리거나, 사진의 색과 비슷하게 색칠까지 할 수 있습니다.

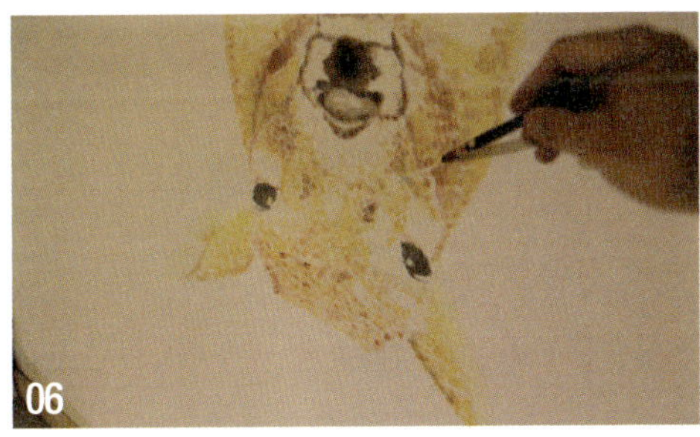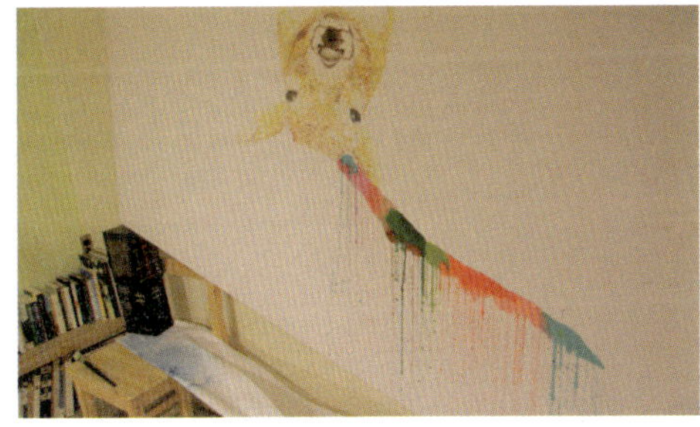

중간 중간 프로젝터를 끄고 확인하면서 보강을 합니다. 그림 실력이 부족하다면 아이디어로 승부합니다. 저는 사슴뿔을 물감을 흘리는 방법으로 그려 몽환적인 분위기를 주었습니다.

벽에 꺽쇠를 달고 양면 테이프를 붙입니다. 그 위에 캔버스 틀을 올리면 캔버스를 벽에 붙인 듯이 걸 수 있습니다.

크리스마스 파티

이것은 코사마 야요이의 영향을 받아 인간 본연의 독립적 자아와 사회 속에서 형성되는 익명성의 대립을 형상화한 설치미술 작품……이라기보다 가족도 곁에 없고, 애인도 없는 두 남자가 외로움을 달래보고자 크리스마스 오너먼트 155개를 천장에 단 것이다. 사실 초현실적인 설치미술에 관심이 있기도 하고 5만 원으로 독특한 크리스마스 장식을 할 수 없을까 하여 친구와 함께 달아보았는데 바라보고 있노라면 정신이 참 산만해지고 좋았다. 거실은 여러모로 실험의 장이 되고 있는 것 같다.

이 기회에 관계를 확장해볼까 싶어 크리스마스 이브에 블로그를 통해 외로운 XX염색체 소유자 두 분을 초대했다. 어색하게 식탁에 둘러 앉아 밥을 먹고, 선물을 교환하고, 크리스마스에 딱 어울리는 윷놀이를 하면서 친해졌다. 그 친구들과 여전히 안부도 전하고 아주 가끔 등산도 같이 하는데, 온라인의 이웃이 오프라인의 이웃으로 확장된 경험이었달까. 처음 의도한 대로 거실은 여러모로 만남의 공간이 되고 있는 것 같다.

함께 작업한 형에게 말했다.
"형, 나 프러포즈할 때도 이 정도로는 안 할 것 같아."

	시트지	페인트
장점	• 작업 과정이 페인트에 비해 쉽다. • 표면이 매끈하고 깔끔하다. • 물기나 충격에 상대적으로 강하다. • 떼어내면 복구가 가능하다.	• 요철, 굴곡, 모서리 부분 관계없이 칠하기만 하면 된다. • 종류에 따라 시트지에 비해 가격이 약간 저렴하다. • 흠이 생기면 다시 그 부위만 발라 보강할 수 있다.
단점	• 기포가 생길 수 있다. • 요철, 굴곡, 모서리 부분은 붙이기 까다롭다. • 어쩔 수 없이 시트지 느낌이 난다.	• 시트지에 비해 작업 시간이 오래 걸린다. • 표면이 찍히거나 충격 때문에 벗겨질 가능성이 있다. • 표면의 결이 지저분해 보일 수 있다. • 원상태로 복구가 불가능하다.

01

가구용 수성페인트를 이렇게 바로 칠해도 무리 없는 경우도 있지만 시트지로 마감한 싱크대는 프라이머(젯소)를 바르고 난 후에 칠하는 게 일반적입니다.

첫 번째 페인트칠은 전체를 빠짐없이 덮는다는 느낌으로 칠하고 충분히 말려줍니다. 싱크대 손잡이는 뒷면의 나사를 풀면 대부분 분리가 되니 미리 떼어내고 칠하는 것이 편합니다.

두 번째 칠도 전체적으로 해줍니다. 페인트칠이 빠진 부분이나 옅게 칠해진 부분에 신경을 써서 고르게 칠하세요. 두 번째 칠은 일정한 방향으로 해야 결이 눈에 띄지 않습니다. 그리고 붓보다는 스펀지를 이용하는 게 자국이 많이 남지 않습니다.

마지막으로 싱크대는 마찰이나 습기에 노출되어 있는 가구이므로 바니시를 한 번 더 바르는 게 좋습니다. 이때도 일정한 방향으로 칠해야 결이 눈에 띄지 않습니다.

타일, 접착용 시멘트, 줄눈용 시멘트(백색 시멘트)를 준비합니다.
그리고 시트지나 벽지를 수단과 방법을 가리지 말고 최대한 깨
끗하게 제거합니다.

접착용 시멘트 가루를 물과 섞어줍니다. 너무 무르면 줄줄 흘러
내리고 뻑뻑하면 잘 붙지 않으니 물을 조금씩 넣으면서 적당한
끈적임을 찾아냅니다. 벽에 분무기로 물을 살짝 뿌린 뒤 헤라로
요철을 만들면서 4~5밀리미터 두께로 벽에 골고루 바릅니다.

타일을 정확하게 붙인 뒤. 고무망치나 돌돌 만 걸레로 통통통통
두드립니다.

타일 틈새로 스며 나오는 시멘트는 바로 휴지, 물수건 등으로 깨
끗이 닦습니다. 굳기 전에는 쉽게 닦입니다.

05

자투리 공간에 붙일 때 큰 타일은 절단해서 사용해야 하지만, 작은 타일 세트는 뒷면의 망사테이프만 자르면 원하는 크기로 사용할 수 있습니다.

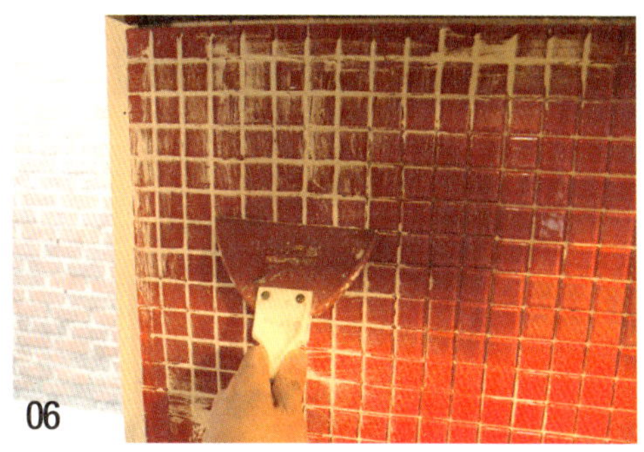

06

줄눈 작업은 접착용 시멘트가 굳을 때까지 기다렸다가 해야 합니다. 단단히 달라붙은 타일 위에 물과 적당히 반죽한 줄눈용 백색 시멘트를 발라줍니다. 고무 헤라를 이용하면 시멘트가 타일 표면에 많이 남지도 않고 틈새로 쏙쏙 잘 들어갑니다.

07

10분 정도 지나 백색 시멘트가 살짝 굳기 시작할 때 젖은 걸레로 슥슥 닦으면 타일 표면에 묻어 있던 백색 시멘트가 쉽게 제거됩니다.

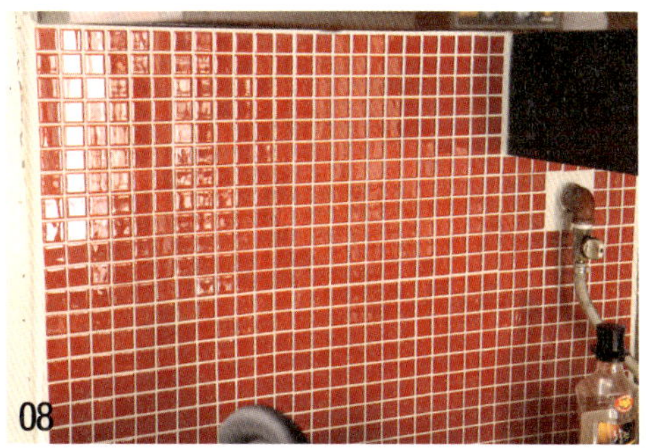

08

줄눈에 바니시를 칠하면 오염에 강해져서 국물이나 기름이 튀어도 쉽게 닦을 수 있습니다.

라일락 파티

봄이 되면 어김없이 화단의 라일락이 향기로 소식을 전한다. 상단 분리 식탁도 일광욕을 할 때가 온 것이다. 식탁은 분리되어 매끄럽게 좁은 현관을 빠져나온다. 누가 만들었는지 참 잘 만들었다. 라일락이 피었다는 핑계로 모인 사람들 속에 작년에 식탁을 같이 만들었던 후배 녀석도 끼어 있다. 공들여 음식을 만든 것도 아닌데 다들 맛있다고 난리인 것은 마당의 힘 때문이겠지. 집을 계약하면서 상상했던 장면들이 이렇게 하나둘 이루어질 때, 그때는 미처 몰랐던 불편한 것들쯤은 잊어버리게 된다. 라일락 향기에 취하고 수다에 취한다.

이렇게 천천히 꿈을 이루어가고 있다.

아주 착한 마음이어야 만들 수 있는 것은 아니다.

이웃들에게 몰래 우체통 달아주기

재개발 지역으로 이사 오고 나서 가장 큰 문화적 충격 중 하나가 우편함이었다. 7세대가 살던 이 건물에 우체통은 딱 하나. 지금은 빈 집도 있고 사람이 바뀌기도 여러 번인데 모든 우편물이 한 우체통으로 배달되고 있었다. 도대체 내 편지는 어디 있는 건지, 이건 타짜 앞에서 밑장 빼기 하는 것보다 어려운 수준이다. 처음에는 내 우체통만 따로 사서 달려다가 식탁을 만들고 남은 자투리 목재로 만들어봐야겠다는 생각이 들었다. 그렇게 생각하니 다른 집의 우체통도 만들어 이쁨 받아야겠다는 생각까지 이른다. 공유와 대화를 이끌어내는 8인용 식탁의 자식들이 편지를 받는 우체통이 된다는 것. 뭔가 기가 막히게 딱 떨어지는 느낌이다.

그러고 보면 '만들기'에는 신기한 구석이 있다. 남의 것까지 산다고 하면 나도 엄청 손해라는 생각이 들고, 사람들도 왜 그런 짓을 하냐고 할 것이다. 그런데 남의 것까지 만든다고 하면 나 스스로도 그렇고 다른 사람들 모두 좋은 일 한다고 말한다. 노동과 시간까지 생각하면 비용은 더 드는데 말이다.

어쨌든 우체통을 뚝딱뚝딱 만들기 시작했다. 나름 디자인하고 만드는 과정이 재미있다. 논현동 빌라에 살 때는 내가 우체통을 만들게 될 거라고는 상상도 못했는데 창의성이라는 것은 역시 부족한 상황과 여유로운 마음이 만나서 생기는 것이 아닌가 싶다.

사실 마음이 아주 착한 상태로 만든 것은 아니다. 우체통을 4개 만들었는데 제일 잘 만든 것을 우리 집 걸로 하고, 잘 만들었긴 하나 옹이 모양이 거슬리는 것은 그나마 나와 친한 102호 할아버지 것으로 택했다. 103호 아가씨는 본 적도 없고 편지도 안 찾아가는 것 같으니까 모서리가 좀 깨진 걸로, 아래층 레지던트 청년은 내가 귀찮게 수도요금을 받으러 가게 만들 뿐 아니라 가끔 담배꽁초도 버리는 것 같으므로 우체통을 따로 만들지 않고 다른 부재자들의 편지와 함께 기타 우체통으로 배정했다. 그래도 전보다는 찾기 쉽겠지. 기존에 달려 있던 '거지 같은' 우체통을 떼어버리고 몰래 우체통 4개를 달고 관찰했다. 우체부 아저씨가 익숙한 방식대로 한 곳에 몰아넣을지, 나누어 주실지가 가장 큰 이슈였는데 다음 날 각기 다른 우체통에 들어가 있는 편지들을 보고 씨익 웃음이 나왔다. 그리고 며칠 뒤 만난 102호 할아버지는 "총각이 달았지? 기가 막히구먼. 잘 쓰고 있어."라고 인사를 하셔서 좁은 어깨가 조금 펴졌다. 수줍음 많은 103호 아가씨는 입구가 다른 쪽에 있어 우편함의 존재조차 모르는 것 같았다. 포스트잇에 우편함의 위치를 적어서 문에다 붙여놓았더니 어느 날부터 우편물이 슬금슬금 없어지더라. 내가 만들어주고 내가 사정을 하는 듯한 이 느낌은 뭐지? 아래층 청년은 여전히 바쁜지 집에 잘 들어오지도 않고 편지 확인도 안 하는 듯하다. 깜짝 이벤트의 반응 치고는 미지근하기 그지없었지만 현관을 오갈 때마다 내 자신에게 칭찬을 해준다.

"참 잘했어요."

지중해 풍 욕실 04

하고 싶었던 모든 꼼지락거림

새해가 시작되면서 회사를 그만두었다. 32라는 숫자 속에 담긴 초조함이 '안정의 추구'보다 '열정의 실현' 쪽으로 기울었다고나 할까. 당분간 아무 생각 없이 하고 싶은 일만 해보기로 했다. 신기하게도 '멍 때리는' 시간이 많아질수록 아이디어가 생겨나기 시작했다.

Before

1년 동안 처녀귀신이랑 같이 샤워를 했는데

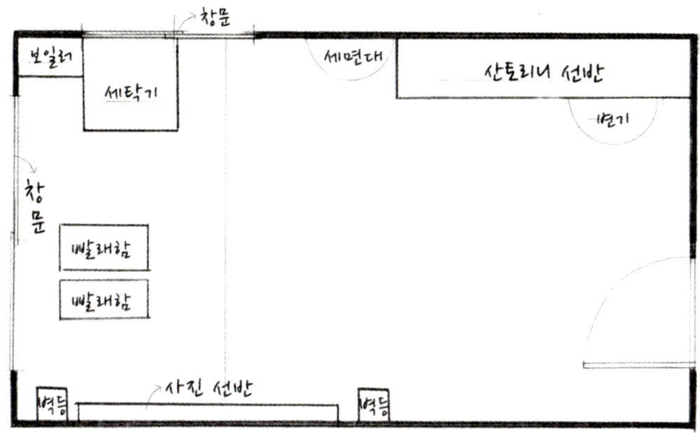

After

산토리니로 바뀌니 도망가버렸다.

공포영화를 찍을 법했지만

이젠 이온음료 CF를 찍어도 되겠다.

파랑과 하양을 주조로.

빛이 쏟아지는 욕실에 반해서

회사를 그만두고 시간의 여유가 생기자 화장실부터 고치기 시작했다. 40년 된 화장실은 여름엔 무서워서 떨리고 겨울엔 추워서 떨리는 곳이었다. 집을 구하러 왔을 때도 가장 거부감이 들었다. 하나 인상 깊었던 것은 그때가 오후였는데 화장실의 커다란 창문으로 햇살이 가득 들어와서 불을 켜지 않아도 될 만큼 밝았다. 부동산 아저씨와 같이 왔던 그날, 이미 화장실을 산토리니 풍으로 바꿀 수 있겠다는 가능성을 보았는지도 모른다. 바쁘다는 핑계로 1년을 그대로 살다가 봄맞이 겸 퇴사 기념으로 드라마틱하게 바꿔보기로 했다.

사람마다 생활 패턴에 따라 집의 공간이 주는 의미는 조금씩 다를 것이다. 나에게 욕실은 생각을 정리하고 아이디어를 떠올리는 장소이다. 큰 것을 내보내면서 책을 읽어 마음의 양식을 채우고(덕분에 만성변비환자가 된 것 같다.) 흥얼거리며 샤워를 할 때 여러 가지 아이디어가 튀어나온다. 그런 의미에서 가장 평온하고 상상력이 피어날 수 있도록 고쳐야 할 공간이었다.

어렸을 적부터 산토리니 사진을 보고 있자면 눈이 게슴츠레해지면서 마음이 말랑말랑해졌다. 실제 그곳에서 살아봤던 것처럼 푸른 바다와 하얀 골목을 헤집고 다니는 생생한 꿈을 꾸기도 했다. 아마 당시 히트했던 이온음료 CF 때문인지도 모르겠다. 광고에 나온 여배우는 '네가 행복해야 세상도 행복하다는' 것을 온몸으로 보여주고 있었다. 그래서 욕실을 산토리니 스타일로 만들기로 했다. (변비환자에게도 좋을 것 같지 않은가!) 가장 큰 역할을 한 것이 지중해 쪽 인테리어에서 볼 수 있는 질감의 선반이다. 무지주 방식으로 나무 선반을 달고 방수기능이 있는 핸디코트 워셔블로 코팅을 했다. 벽면 프레임 속 사진은 여행 블로그를 운영하는 외국인 아주머니에게 허락을 받아 프린트한 것이다. 이 사진 덕분에 프레임 저편으로 건너가면 그 거리에 가 있을 것 같은 상상을 자주 하게 된다. 다만 변기에 앉으면 야외에서 볼일을 보는 듯한 쾌감이 부작용으로 따라온다.

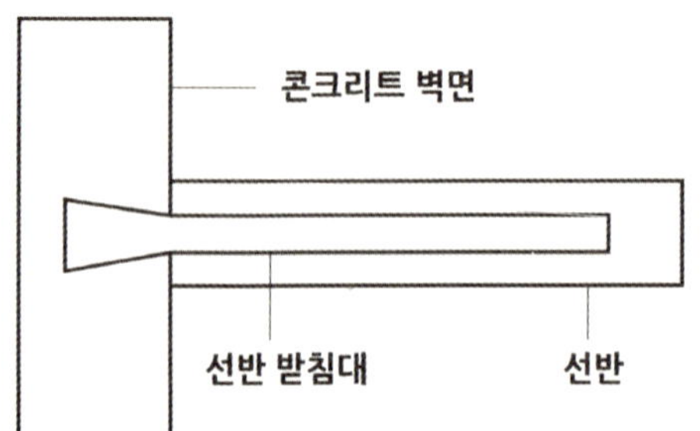

지중해풍 선반 달기

무지주 선반의 구조 콘크리트 벽에 단단하게 쇠봉을 고정하고, 구멍을 뚫은 선반을 봉에 끼우는 구조입니다. 쇠봉을 고정하기 어려울 정도로 얇은 나무 벽이나 석고보드에는 설치하기 어렵습니다.

선반이 될 원목에 10밀리미터 드릴비트로 앙카볼트를 넣을 구멍을 뚫어줍니다.

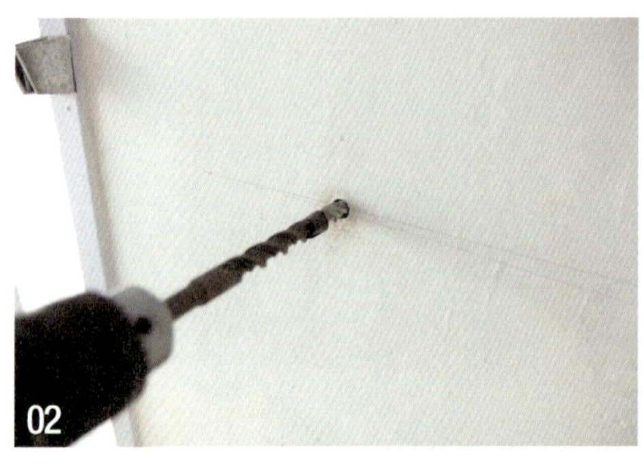

벽에는 앙카볼트를 고정할 지름 13밀리미터, 깊이 4센티미터의 구멍을 뚫어줍니다.

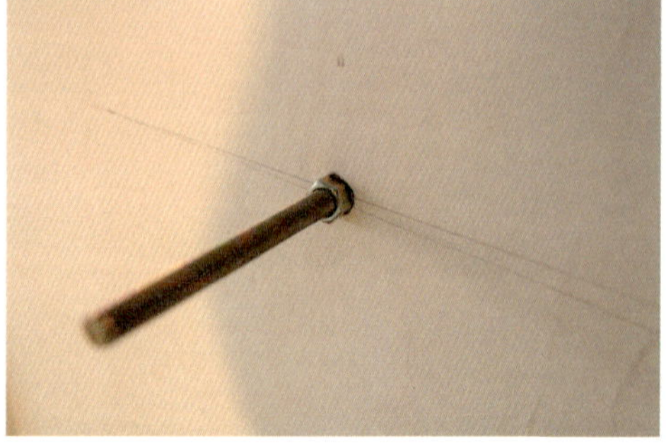

지름 9.6밀리미터, 길이 150밀리미터의 앙카볼트를 벽에 넣고 나사를 조여 고정합니다.

나무 선반에 미리 뚫은 구멍과 앙카볼트를 맞추고 집어넣어 벽에 고정합니다. 잘 들어가지 않으면 선반에 수건을 대고 망치로 때려서 넣습니다.

핸디코트 워셔블로 코팅합니다. 원목 선반을 달기 전에 미리 발라도 됩니다.

벽과 맞닿는 모서리나 나무끼리 만나는 모서리 부분에도 핸디코트를 발라줍니다. 전체적으로 사포질을 해서 부드러운 라인과 질감을 주도록 합니다.

핸디코트 워셔블은 습기에 강하지만 물이 자주 닿는 부분이라면 방수페인트나 바니시를 바르는 것이 도움이 됩니다.

소품으로 타협하기

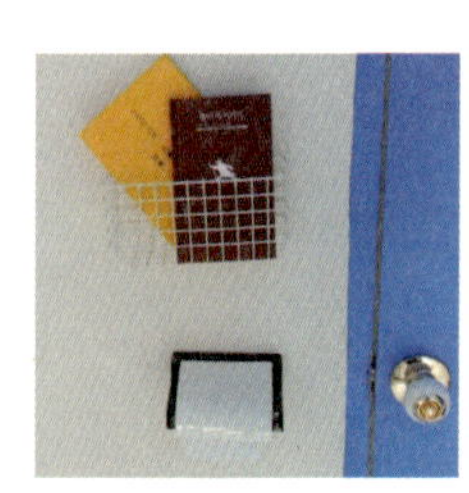

못 하나 박지 못하던 남자가 1년 동안 셀프 인테리어 작업을 하면서 이제는 지중해 풍 선반을 만들어 다는 경지에 이르렀다. 관심을 가지면 정보가 생기고, 직접 작업을 하다 보면 노하우가 생기는 이치는 어느 분야를 막론하고 똑같다. 심지어 요즘 주부님들 사이에서 유행하는 북유럽 디자인 소품이 무엇인지도 알게 된다. 내 집이 아닌지라 모조리 바꿀 수는 없고, 바꾸기도 아깝기 때문에 일부 지저분한 부분은 소품을 이용해서 가리거나 포인트를 준다. 예를 들면 보일러 배관 파이프와 전선들이 엉켜 있는 부분은 장미 조화로 가리고, 여기저기 찍혀서 지저분한 문은 지중해 풍으로 파랗게 칠한 뒤 물고기 그림을 건다. 사실 이렇게 장소나 비용이 제한된 상황에서 오히려 독특한 아이디어가 많이 나온다. 해결할 방법을 찾기 위해 자료도 검색하고 고민도 많이 하게 되기 때문이다. 문에 건 물고기 그림도 값싼 캔버스 천에 직접 그려서 만든 것이다. 와이어 바스켓을 책꽂이 용도로 활용하여 '책바구니'를 만든 것도 마음에 든다. 덕분에 변비가 더 심해질지도 모르지만.

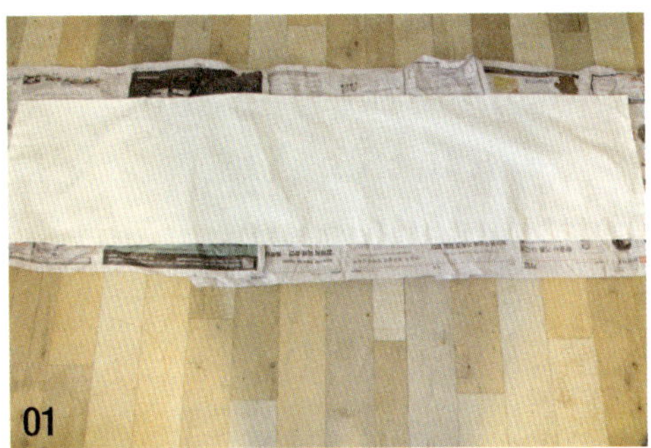

01

캔버스천의 가장자리를 접어 대강 시침질을 해줍니다.

02

아크릴 물감은 마르고 나면 페인트처럼 굳어서 물에 강해지므로
욕실에 적당합니다. 물을 많이 섞어서 농담을 줘 가며 대강 어느
정도 크기가 될지 슥슥 그려봅니다.

03

크기가 정해졌으면 외곽선을 그려 디테일을 넣어줍니다. 이런
디자인은 3~4세 유아의 화풍으로 그리는 게 멋이기 때문에 팍
팍 그려봅니다.

04

이 그림은 almedahls 쟁반에 그려진 물고기를 변형한 것입니다.
그림에 자신이 없어도 머그컵이나 티셔츠에 그려진 그림을 따라
서 그리다 보면 귀여운 장식품을 만들 수 있습니다.

데코 접시, 없으면 만들지

산토리니 사진을 검색하다 접시를 벽에 붙여놓은 사진들을 보았다. 마치 점심시간이 12시 반부터 3시까지 정도는 될 것 같은 여유가 느껴졌다. 나도 따라해야겠다는 생각이 들어 하루 종일 인터넷을 뒤졌는데 국내에서는 그런 접시를 구하기가 힘들었다. 다른 분위기의 데코 접시들도 가격이 너무 비싸 구입할 엄두가 나지 않았다. 가지고 싶은 건 구하기가 힘들다는 사실을 또 한 번 깨닫는다. 결국 일을 벌여 직접 만들어보기로 했다. 거대한 멜라민 뷔페접시에 아크릴 물감으로, 프로이트 할아버지도 칭찬해주실 만한 무의식 속 문양을 한 땀 한 땀 그려 넣었다.

어렸을 적엔 만들기를 좋아하고 잘했다. 이것은 아버지로부터 물려받은 손재주이다. 아버지는 종종 우리 남매의 미술 숙제를 도와주셨는데 그 수준이 너무도 높아서 누가 보아도 어린이의 손에서 나온 작품이라고 보기 힘들어 곤란하기까지 했다. 지금 생각해보면 아버지 본인께서 더 재미있어하신 것 같다. 나도 모르게 접시 만들기에 심취해서 몇 시간을 훌쩍 보내고 나니 아버지가 느끼셨던 재미가 뭔지 알 것 같았다. 어른들에게도 손으로 무언가를 만드는 취미가 꼭 필요하다. 특히나 요즘처럼 모든 걸 컴퓨터로 만들고 보여주는 시대에는 더 그렇다. 수많은 꿈 중의 하나가 독특한 인테리어의 카페를 열거나, 어른들을 위한 장난감 가게를 운영하는 것인데 남의 집 화장실로 연습을 해보고 있는 것 같다.

대 형 데 코 접 시 만 들 기

접시에 프라이머를 칠합니다. 프라이머는 매끈한 표면에 페인트나 물감이 잘 달라붙게 해줍니다.

남는 페인트나 아크릴 물감으로 바탕을 칠합니다. 두 번 정도 칠하면 고르게 칠해집니다.

장인정신을 발휘하여 원하는 문양을 그립니다. 주전자 뚜껑이나 컴퍼스를 이용해서 가이드 원을 그리면 약간 수월합니다.

유광 바니시로 마무리해서 반짝이는 느낌이 나도록 합니다.

뒤에 나올 '접시 거는 법'을 이용하여 벽에 겁니다.

벽 에 접 시 거 는 법

접시걸이 이용하기 벽에 못을 박고 시중에 파는 와이어 접시걸이나 접착식 접시걸이를 이용해서 겁니다. 와이어 고리 끝이 접시 위로 보이고, 가격이 비싸다는 단점이 있습니다.

실과 핀 이용하기 멜라민이나 플라스틱 접시 같은 경우는 전동드릴이나 송곳으로 구멍을 뚫고 실로 고리를 만듭니다. 구멍을 뚫기 힘든 접시나 도자기 접시는 마찰력이 큰 털실을 테이프로 교차로 붙여 고리를 만듭니다. 플라스틱 접시도 털실을 붙이는 편이 쉽습니다.

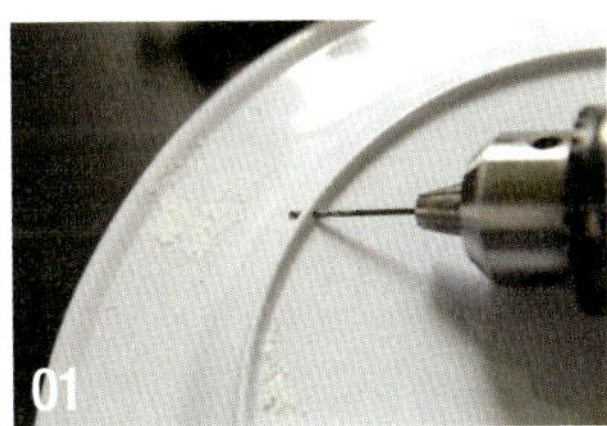

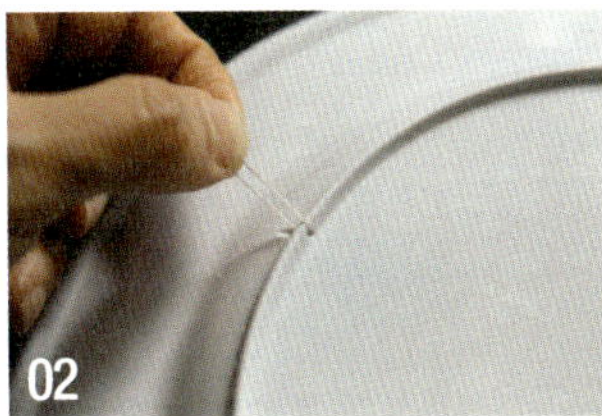

머리가 달린 시침핀을 벽지에 수직으로 꽂은 다음 접시에 연결한 실을 걸어줍니다. 못을 박지 않아도 되어 간편하지만 너무 무거운 제품을 걸면 떨어질 수도 있습니다.

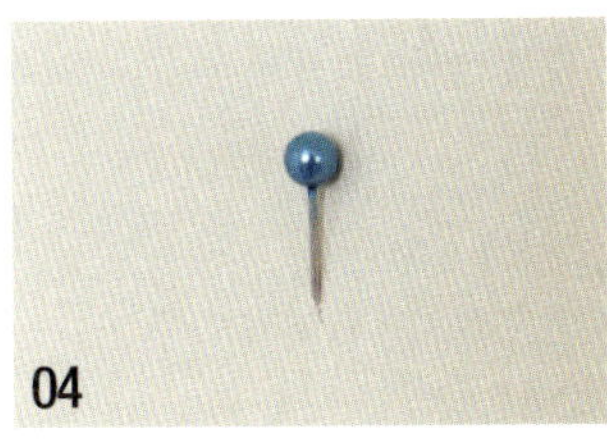

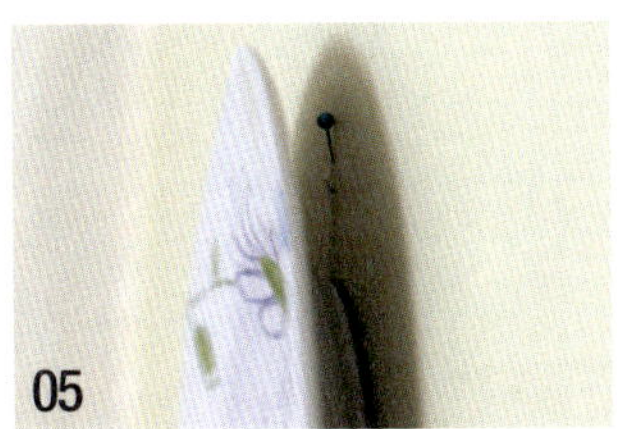

중학교 미술시간에 본 고흐의 그림 때문에 해바라기를 좋아하게 되었다. 그 해바라기를 키워보려고 작년 식목일 아침에 일찍 일어나 출근 전에 해바라기를 심었다.

과연 해바라기가 자랄까 걱정 반 기대 반 기다림 끝에 일주일이 지나 싹이 나왔다. 초등학교 때 완두콩을 심고 처음 새싹을 봤을 때 느꼈던 알 수 없는 감동을 오랜만에 느꼈다.

해바라기가 자라면서 참새한테 뜯기기도 하고

가뭄에 말라 죽을 뻔하기도 했다.

그럼에도 역시 해바라기만의 카리스마를 가지고
내 키보다 더 커졌다.

급기야 서울에서는 보기 힘든 호박벌도 찾아오고,
나비가 짝짓기하는 광경도 보게 되었다.

그리고 결국 고흐 같은 열정으로 인상파 작품을 만들겠다고 사진기를 들고 설쳐대는 나의 모델이 되었다.

114

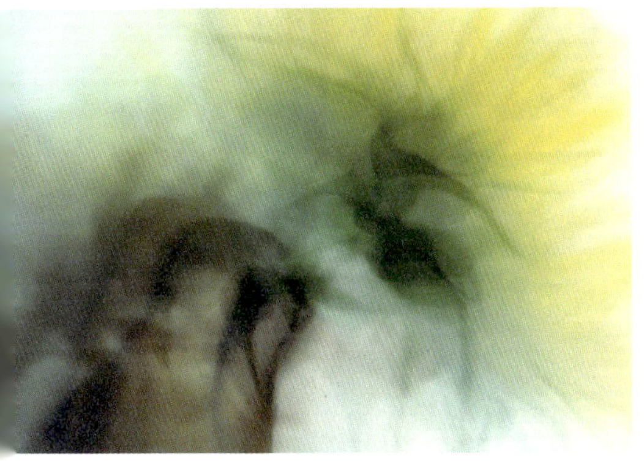 

해바라기 씨를 수확한 뒤 여기저기 나누어 주고도 꽤 많이 남았다.

그래서 한남동 안에서 보물찾기를 하면 어떨까 하는 생각이 들었다.

소재가 많아지니 일상을 재밌게 양념할 아이디어도 생겨난다.

116

해바라기 씨와 캐러멜을 포장하고 짧은 편지를 써 넣어 보물 패키지 6개를 만들었다.

모자와 마스크로 꽁꽁 가리고 '한남 버뮤다 삼각지대'로 갔다. 한남 버뮤다 삼각지대는 한남 나들목을 말한다. 삼각형 구조인데다 이쪽으로 사람들과 자전거가 들어가면 사라진다 하여 내 맘대로 붙인 이름이다. 한남동 이웃들끼리 이벤트를 하기 위해 애용하는 장소이다.

삼각형 화단의 모서리마다 6개의 보물 패키지를 숨겨놓았다. 그리고
이 장소를 블로그에 공개했더니 하루 만에 모두 나눔이 되었다. 한남
동 이웃뿐 아니라 한강변을 따라 유모차를 끌고 와서 가져가신 아기
엄마, 퇴근길에 지하철을 갈아타고 온 회사원도 있었다. 역시 어른들
도 보물찾기를 좋아한다.

내 선물보다 더 큰 선물이 숨겨져 있었다. 해바라기 씨앗들은 곳곳으로 퍼져 베란다와 화단에서 자라고 있다고 한다. 해바라기들도 자기 자손이 이렇게 널리 퍼진 것을 알면 좋아할 것이다.

창의적인 환경을 만들어보고자 시작했던 인테리어 작업은 1년간 계속되었다. 무엇인가를 뚝딱뚝딱 만들어내는 과정에서 내가 좋아하는 것을 알아채기 시작했다. 열 살 때의 나는 만들기를 좋아했었다. 공부도 해야 했고 스펙도 쌓아야 했기에 잊어버렸던 것뿐이다. 서른 살의 나는 다시 어린아이가 된 듯 즐겁게 만들기를 시작한다.

일상을 예술화하기

때 묻은 노란 장판과 110볼트형 콘센트 구멍은 세월을 붙잡아 두고 있었다.

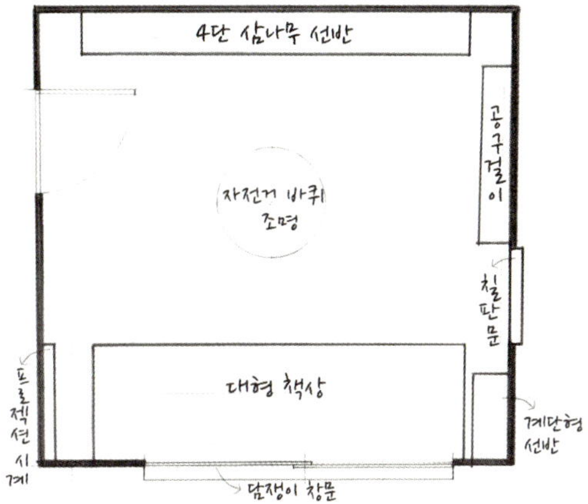

After

노란 장판은 승천하여 블라인드가 되고 벽면 가득한 시계는 시간을 다시 흐르게 한다.

쓸모없던 문짝도

쓸 데가 많은 칠판이 되었다.

LONER

낮에는 노란색 블라인드가, 밤에는 노란색 스탠드가 공간을 따뜻하게 물들인다.

담쟁이 창문

방이 작은데 창문까지 작았다면 영락없이 갇혀서 착취당하는 노동자 느낌이 났을 것이다. 다행히도 창문은 벽면을 가득 채울 만큼 컸다. 계절도 봄이고 해서 간유리창을 떼고 새까맣던 창문틀도 하얗게 칠했다. 창틀에 하얗게 칠한 원목을 올리고 그 위에 파릇파릇한 화분까지 올리니 통유리 오피스텔 부럽지 않다. 인테리어 작업을 하다 보면 우연히 얻게 되는 것들로 짜릿함을 느낄 때가 있다. 간유리를 떼자 나타난 담쟁이가 그랬다. 창문을 타고 드리워진 담쟁이는 또 하나의 프레임을 만들고 계절감까지 느끼게 해주었다. 5월의 초록 프레임이 가을이 되면 페인트를 칠하지 않아도 저절로 갈색 프레임이 된다는 사실.

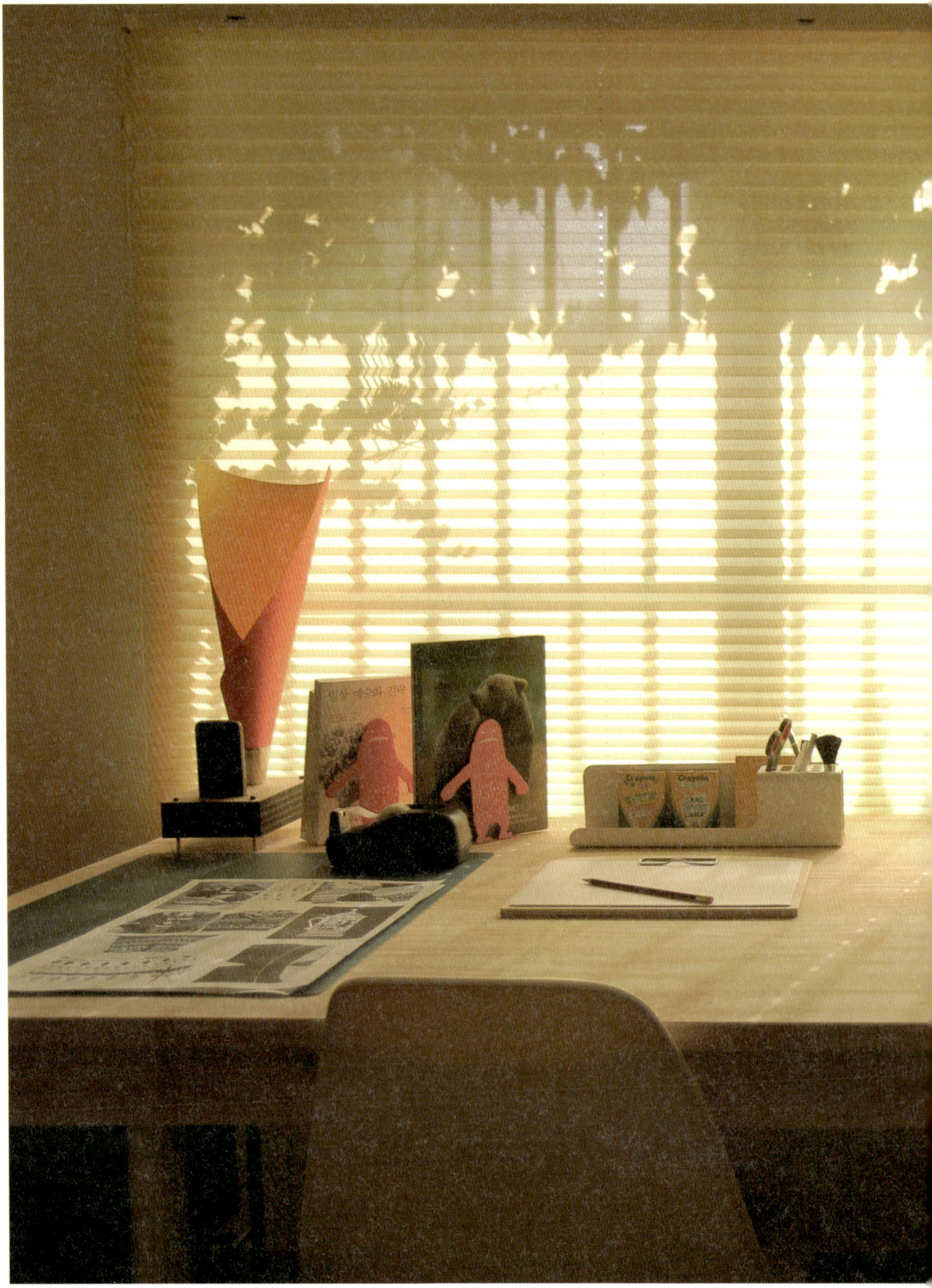
일상 예술화 전략
Crayola
Crayola

창 문 에   페 인 트 칠 하 기

창문은 빛이 들어오는 곳이라 프레임의 색만 바꾸어도 방 안 분위기가 확 살
아납니다. 문이나 가구도 아래와 동일한 방법으로 작업하시면 됩니다.

01

창문틀에서 창문을 분리하고 간단히 청소를 합니다.

02

기존에 칠해져 있던 바니시와 페인트를 벗겨내야 합니다. 페인
트까지 완전히 벗기기 힘드니 매끈한 바니시 정도만 잘 벗겨줍
니다. 사포 100방으로 벗기고 220방으로 마무리합니다. 사포를
나무 조각에 감아 하면 수월합니다.

03

요철이 있는 틈새는 사포를 접어서 뾰족하게 만든 다음 사포질
을 합니다.

04

사포질을 마친 후에 물걸레로 페인트와 톱밥가루를 닦아냅니다.

05

유리에 페인트가 묻지 않도록 마스킹 테이프를 바릅니다. 3M 매직테이프를 이용하면 뗐다 붙이기가 쉽습니다.

06

프라이머를 1~2회 칠해줍니다. 두 번째 칠하기 전에는 한두 시간 이상 말려야 합니다. 스펀지 붓을 이용하면 붓 자국도 많이 남지 않고 프라이머나 페인트가 흘러내리지 않습니다.

07

스펀지붓이 들어갈 수 없는 창문틀의 구석은 안 쓰는 미술붓으로 칠해줍니다.

08

페인트를 2~3회 칠합니다. 원래 어두운 색이었던 것을 흰색으로 칠하는 작업이 가장 손이 많이 갑니다. 흰색은 3회 이상은 칠해야 말끔합니다.

09

기호에 따라 유광이나 무광 바니시를 발라줍니다. 마찰이 심한 곳이니만큼 바니시를 꼭 발라야 합니다.

하고 싶은 게 많아지는 책상

등산을 해야겠다고 마음 먹은 사람은 좋은 등산화부터 지르면서 설레어한다. 무엇인가 만들고 싶은 것이 있는 사람에게 책상은 그런 존재다. 멋진 책상이 있다는 것만으로도 멋진 작업을 할 수 있을 것 같은 착각이 든다. 나에게도 커다란 책상은 사라지지 않는 로망이었다. 그런 책상은 구하기도 힘들고 가격도 비싸다. 막상 구입한다고 해도 배송과 운반 문제까지 생긴다. 현관문이 좁아 들어오지 못하는 가구가 있다는 것은 참 슬픈 일이다. 길이가 240센티미터에 폭이 90센티미터인 이 거대 삼나무 책상은 포름알데히드 대신 피톤치드를 내뿜고 다리를 분리할 수 있어 옮기기도 편하다. 이 책상 위에서는 엄청난 것이 탄생해야 할 것 같다. 화장실에 걸어두었던 데코 접시가 인기가 있어 일단 접시를 만들어 판매해보기로 했다. 성공하면 고슴도치 모양 연필꽂이도 만들고, 물고기 그림 티셔츠도 만들고…… 아! 갑자기 할 일이 많아졌다.

널찍한 책상 만들기

책상을 만들 때는 상판이 가장 중요합니다. 크기가 큰 원목 판재는 그만큼 큰 나무로부터 나와야 하기 때문에 가격이 비싸고 구하기가 힘듭니다. 처음 도전하거나 저렴하게 제작하기 원할 경우 집성목 판재를 이용하는 게 좋습니다. 작은 나무 조각들을 이어 만든 집성목은 휘어짐도 원목에 비해 적습니다.

01

동네 목재소나 인터넷 DIY 전문 목재소를 통해 책상 상판으로 쓸 판재와 상판을 받치면서 다리를 연결할 판재, 가장자리를 둘러줄 판재까지 총 3종류의 판재를 준비합니다.

02

상판과 다리를 연결할 브릿지가 될 판재 3개를 목공용 본드를 이용하여 붙입니다. 이때 서랍장 등 책상 밑에 들어갈 가구를 생각해서 중간 다리가 연결될 가운데 판재의 위치를 정합니다. 판재들이 약간 휘어진 상태일 수 있으므로 본드가 마를 때까지 무거운 물건을 올려놓아 뜨지 않도록 해줍니다.

03

휘어짐을 방지하기 위해 가장자리에 둘러줄 목재에 이중 비트로 나사구멍을 만듭니다. 이중비트 작업을 할 때는 밑에 자투리 목재를 받치고 해야 드릴의 갑작스러운 전진을 막을 수 있습니다. 드릴로 미리 나사 구멍을 만드는 이유는 나사를 박으면서 금이 가거나 쪼개지는 사태를 막기 위해서입니다.

04

가장자리 목재와 상판이 닿는 부분에 목공용 본드를 바릅니다.

05

가장자리 목재를 상판과 브릿지 목재에 대고, 뚫어놓은 구멍을 통해 나사를 박아 넣어 완전히 붙입니다.

나사가 보이는 부분은 핸디코트로 막은 다음 다 마르면 사포로 문질러 깔끔하게 마무리합니다.

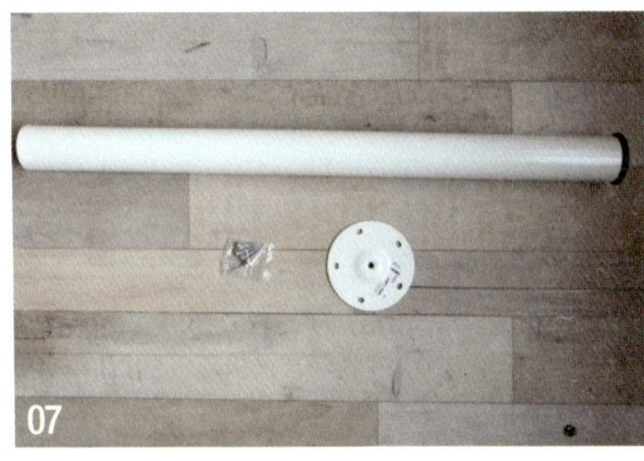

기둥형 철제 다리를 준비합니다. 이케아에서 나오는 VIKA CURRY 제품으로 저렴하고 깔끔해서 많이 쓰는 제품입니다.

브릿지 목재에 브래킷을 먼저 달아줍니다.

상판이 가로 240센티미터 세로 90센티미터로 크기가 크기 때문에 다리를 6개 달아야 합니다. 이렇게 큰 책상에 다리를 4개만 달 경우 흔들림이 심하고 중간이 내려앉을 수 있습니다.

다리를 브래킷에 돌려 끼우면 완성됩니다. 큰 책상은 이사를 하거나 이동할 때 어려움이 많은데, 이 제품은 다리만 다시 빼낼 수 있어 편리합니다.

11

허리를 다치지 않도록 유의하면서 책상을 뒤집으면 완성! 모서리는 사포질을 하거나 상판에 바니시 칠을 하면 더 안전하고 깔끔하게 사용할 수 있습니다.

칠판의 변신

'칠판'이라는 단어는 한때 공포의 대명사였다. 언제부터인가 수학을 놔버린 후로 "오늘 15일이니까 15번 말고 16번 나와서 이 문제 풀어봐" 하는 선생님의 확률과 법칙을 무시한 선택은 심장을 쪼그라들게 만들었다. 다른 과목은 그 자리에서 답하면 되는데 왜 수학은 칠판에까지 나가서 풀어야만 하는가. 그리고 왜 난 16번으로 태어났단 말인가. 한탄하며 터벅터벅 칠판으로 향하는 발걸음을 사형선고를 받은 죄수의 그것 같았다. 그리고 수학선생님들은 왜 다들 눈매가 날렵하고 작달막한 키의 중년 남성이란 말인가. 난 매의 눈을 가진 수학선생님보다 감성의 아우라를 지닌 미술선생님들을 좋아했고, 입시에는 미미한 영향력을 가진 미술 시험을 잘 보기 위해 더 노력했다.

이번 기회에 칠판에 대한 트라우마를 극복해보기로 했다. '칠판=수학'이라는 공식을 '칠판=미술'이라는 개념으로 바꿔 곳곳에 사용했다. 칠판도 우중충한 진녹색만 있을 필요는 없지 않은가. 핫핑크 칠판, 파랑 칠판을 만들기 위해 직접 칠판페인트를 제조했더니 한결 아름답다. 이런 걸 전국의 학교에 보급해야 수학 시간이 덜 무섭지 않을까. 알록달록한 칠판은 미적으로도 아름답지만 실용성도 좋다. 문에 십자무늬만 넣어도 샤방샤방한 디자인이 되고, 때로는 스케줄 보드가 되기도 한다.

142

June
원고마감
작업실 포스팅
6月 달력제작
상주
Kai 방문
뜨인돌 출판사 미팅
Photo Stock Reserch
작업실 포스팅3
몽트리 Zazz festival
연필 Test
Tanu
패턴 리서치
패턴 제작
UMF
질감 테스트
작업실 포스팅8
아버지
기계 구입
Olimpic
프로토 타입
PARTY
7月 달력제작
* 원고마감
* 접시 프로토타입 완성
* Stock Photo
6월부터 몸장!!

칠 판 바 스 켓 만 들 기

칠판은 네모난 판으로만 만들 수 있는 것이 아닙니다. 벽 전체를 칠판으로 만들 수도 있고 가구나, 화분, 소품에도 칠판페인트를 칠하기만 하면 수십 가지 용도로 활용이 가능하죠. 색도 어떤 색이든 만들 수 있습니다. 아이디어를 짜내봅시다.

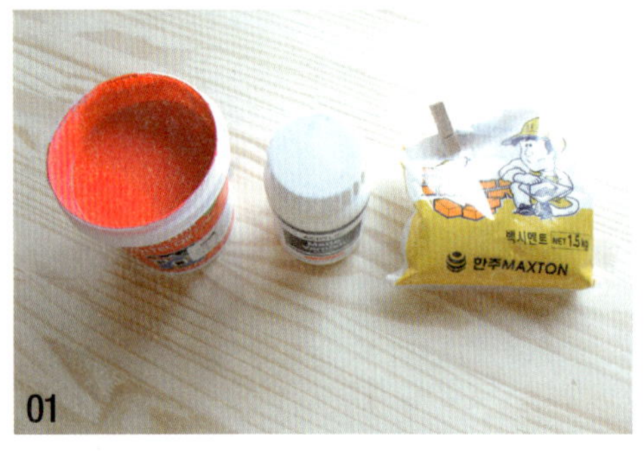

01

수성페인트와 백시멘트, 무광 바니시를 준비합니다. 페인트, 백시멘트, 무광바니시를 8:1:1 비율로 섞으면 칠판페인트가 됩니다. 백시멘트는 표면을 거칠게 만들어 분필이 갈리게 하는 역할을 하고 바니시는 표면을 단단하게 하는 역할을 합니다. 취향에 따라 비율을 조절할 수도 있습니다.

02

백시멘트는 동네 철물점에서 쉽게 구할 수 있습니다. 페인트와 바로 섞으면 가루가 뭉쳐 풀어지지 않으므로 물을 먼저 조금 넣고 풀어줍니다.

03

원하는 색상의 수성페인트를 넣고 잘 저어줍니다.

04

끝으로 무광 바니시를 넣으면 칠판페인트가 완성됩니다.

05

양철통이나 알루미늄 바스켓에 프라이머를 1~2회 칠한 뒤 말려
줍니다.

06

제조한 칠판페인트를 프라이머 위에 칠해줍니다.

07

2~3회 칠하여 말끔해지면 말립니다. 다시 칠할 때는 전에 칠한
것이 완전히 마른 후에 칠해야 합니다.

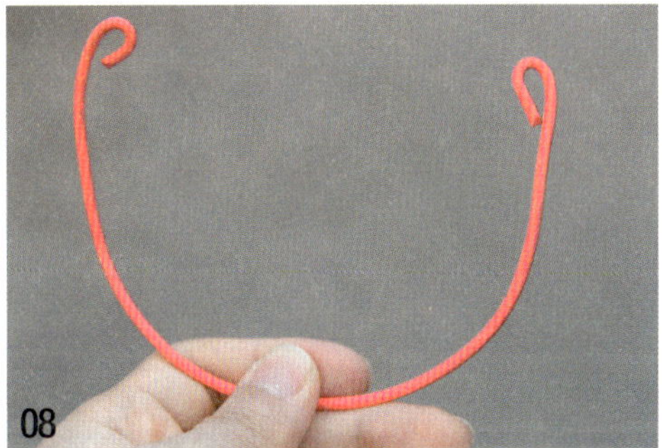

08

철사를 구부려 손잡이를 만들고 같은 방법으로 프라이머와 페인
트를 칠해줍니다.

09

손잡이를 가는 철사로 고정하면 바스켓을 고리에 걸 수 있습니다.

10

분필로 그림을 그리거나 글자를 씁니다. 지울 때는 물걸레를 이
용하면 깨끗이 지워집니다.

빛의 속도로 달리는 바퀴 조명

창의적인 것들을 만드는 공간이라면 거기에 걸맞은 인테리어를 해야 하지 않을까. 창의적인 것이라 함은 실용성과 기발한 아이디어, 그리고 미적인 아름다움까지 갖춘 것을 말한다. 세밀한 작업을 하는 작업실에는 밝은 조명이 필수인지라 전구가 여러 개 달린 조명을 알아보았는데 가격이 좀 부담스러웠다. 게다가 분위기가 좋은 조명은 천장이 낮은 작업실에 달기엔 너무 주렁주렁 매달린 디자인이라 날마다 헤딩할 것 같았다. 며칠간 머리를 쥐어짰는데 철사에서 시작된 생각이 훌라후프를 거쳐 자전거 바퀴에 다다르자 무릎을 탁 쳤다. 고민 끝에 나오는 아이디어의 쾌감이란 이런 것이구나. 전선으로 자전거 바퀴만 묶었을 뿐인데 멋진 조명이 되었다. 길이도 조절할 수 있으니 천장이 높은 카페라면 길게 늘어뜨릴 수도 있을 것이다. 빛의 속도로 달리는 자전거 바퀴!

자 전 거 바 퀴 조 명 만 들 기

조명은 분위기를 극적으로 바꾸긴 하지만 가격이 높은 편입니다. 작업실에
딱 맞는 분위기의 조명을 구하기도 어려웠고요. 자전거 바퀴 조명은 민망할
정도로 만들기가 간단합니다. 천장이 높은 집에서는 줄을 여유 있게 늘어뜨
리면 더 멋있을 것 같네요.

가장 저렴하고 기본적인 형태의 소켓을 구매합니다. 사진처럼 깔끔한 제품은 인터넷 조명 사이트에서 구입 가능하고, 동네 철물점에
서는 검정 플라스틱 소켓을 구하기 쉽습니다. 검정 소켓도 나름 빈티지 느낌이 날 것 같네요. 자전거 바퀴와 원하는 문양의 마스킹테
이프도 준비합니다.

148

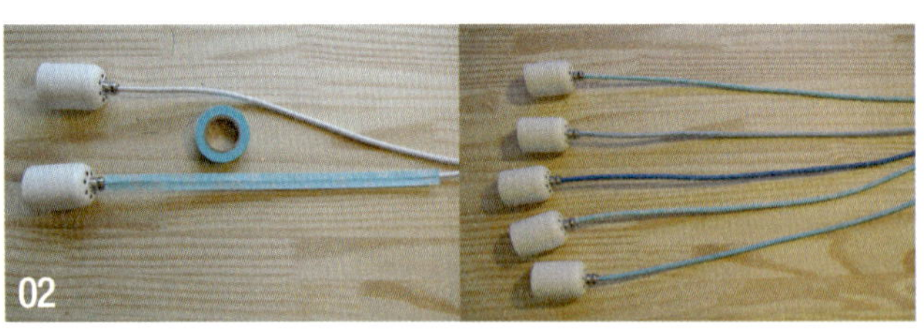

이런 마스킹테이프는 주로 여중생들이 다이어리를 예쁘게 꾸밀 때 쓰는데 전선을 쉽게
꾸밀 수 있어 편리합니다. 다만 전선을 자주 구부리면 테이프가 일어납니다. 그냥 전선
그대로 사용하거나 아크릴 물감으로 칠하는 방법도 있겠네요.

원래 있던 조명을 떼어낸 자리에는 전선
두 가닥이 나와 있을 겁니다. 조명의 브래
킷을 먼저 천장에 달아줍니다. 천장이 나
무로 된 곳이 많기 때문에 나사못으로 고
정하면 됩니다. 조명 교체 작업을 하실 때
는 만일을 대비해 꼭 두꺼비집을 내리고,
스위치를 끈 상태에서 장갑을 끼고 작업
합니다. 사진처럼 맨손으로 하다가는 1만
분의 1의 확률로 잔류 전류를 느낄 수도
있습니다.

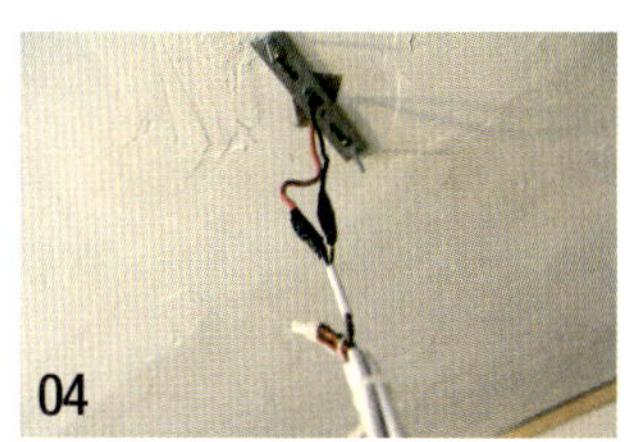

천장의 전선과 전구 소켓의 전선을 연결
하고 절연테이프로 꼼꼼하게 감싸줍니다.
+ − 상관없이 한 쪽씩 연결하면 됩니다.

소켓의 전선을 원하는 길이만큼 덮개 밖
으로 빼고 케이블 타이로 묶어줍니다. 케
이블 타이의 매듭이 구멍에 걸려 전선이
더 이상 내려가지 않습니다.

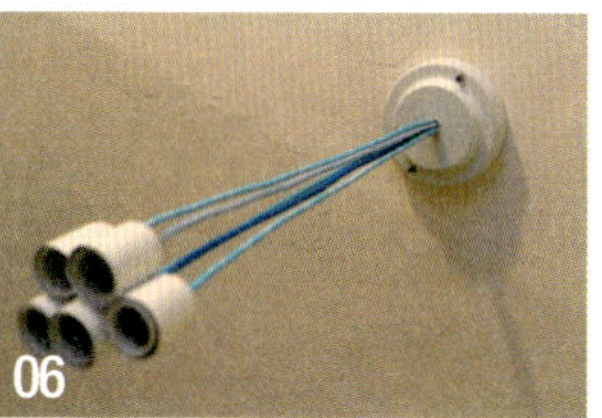

덮개를 브래킷에 고정합니다.

자전거 바퀴를 실로 묶듯이 소켓 전선으
로 한 쪽씩 묶어줍니다.

바퀴가 가벼운데다 전선은 다섯 가닥이어
서 묶는 것만으로도 잘 매달립니다.

천장이 낮아서 전구가 거치적거린다면 가
는 철사로 묶어줍니다.

조명이 높아지는 효과와 함께 자전거 바
퀴의 특성이 살아나서 회전하는 듯한 디
자인이 됩니다.

아이디어 소품들

아이디어가 솟아나게 하려면 적절한 자극을 받아야
된다고 생각해서 기발한 제품들로 작업실을 채웠다.

프로젝터형 시계와 시계 달린 문
남성 잡지 부록에 있던 고급 시계들을 다 오려 붙인 8억짜리
문. 밤마다 시계들의 염원을 담아 대왕 시계가 떠오른다. 전
부터 집 안에 커다란 시계를 들이는 게 꿈이었는데 이런 방
법이 있었다.

아이폰 무동력 스피커
작업실 안에는 전자기기가 하나도 없어 아이폰으로 음악을 들어야 하는데 이 아날로그 스피커는 물리적 성질만 이용해 소리를 증폭시킨다. 잡지의 한 페이지나 마음에 드는 대형포스터를 감아놓으면 그 자체가 스피커가 되어 시각적으로도 좋고 소리 질감도 달라진다.

예티 북엔드
이 험상궂고 귀여운 녀석은 전설의 설인 예티인데 무엇이든 다 업는다. 보시라, 곰도 업혀 있다.

천막 천 화분
가볍고 깨질 염려가 없다. 무엇보다 독특한 디자인이 맘에 든다.

김태희 고양이와의 1년

이 녀석을 처음 만난 것은 이사를 온 지 며칠 되지 않아 벽에 페인트 칠을 하고 있을 때였다. 아직 집 정리가 되지 않아 치킨으로 끼니를 때우던 때였는데, 쓰레기봉투 속 치킨 냄새를 참을 수 없었는지 뒤적뒤적하다 날 보고 깜짝 놀라 도망을 갔다. 이때만 해도 녀석은 앙상한 길고양이였다. 얼마 뒤에 녀석은 마당에 머리 없는 참새를 두고 가서 나를 놀래는 복수를 했는데, 알고 보니 고양이 세계에서 이것은 특별한 선물이라고 한다. 받는 사람이 좋아하는지 몰래 숨어서 지켜본다고도 한다. 내 첫인상이 괜찮았던 걸까.

녀석은 자기와 똑같이 생긴 작은 몸집의 청소년 고양이와 가끔 화단으로 놀러왔다. 둘은 꽤 낭만적인 면이 있어 아침에는 계단에 숨어 라일락 나무 위에서 조잘거리는 참새들을 감상하고, 낮에는 해바라기 그늘 밑에서 같이 배를 깔고 꼬리로 땅을 탁탁 치면서 쉬곤 했다. 밤에는 둘이 화단을 뒹굴며 레슬링을 했다. 때때로 컴퓨터 작업을 하다가 열린 창문으로 내다보면 화단을 지나가는 바퀴벌레를 손으로 꾹 누르는 녀석이 보이기도 했다. 신기하게도 사람이 잡으려고 하면 엄청나게 날쌘 바퀴벌레가, 별로 빠르지도 않고 뽀송뽀송하게 생긴 고양이 발에 잡혀 죽은 척을 한다. 그러면 녀석은 시크하게 가던 길을 가고, 죽은 척 연기를 하던 바퀴벌레도 잠시 후 일어나서 가던 길을 간다. 그러던 여름, 억수같이 쏟아지던 비가 그친 날, 녀석이 라일락 나뭇잎 사이로 들어가 새끼 고양이 한 마리를 입에 물고 나오는 것을 보게 되었다. 근처에 가보니 죽은 지 얼마 되지 않은 새끼 한 마리가 있었다. 나무가 비를 가려줬지만 그 많은 장맛비를 감당하기는 힘들었을 것이다. 난 죽은 새끼를 화단 한쪽에 묻어주었다. 녀석도 잘 자랐으면 해바라기를 좋아했을 텐데. 나중에 안 사실이지만 길고양이든, 키우던 고양이든 땅에 묻는 것은 위생 문제 때문에 불법이라고 한다. 동물들의 터전을 다 빼앗아버린 인간이 자연에서 태어난 생명을 다시 자연으로 되돌려 보내는 것조차 불법이라고 규정하다니 씁쓸하기만 하다.

크리스마스. 초대했던 손님들이 새벽
까지 두런두런 이야기를 하다 갔고, 외
로움만 남은 아침에 다른 두 손님이 다
녀간 흔적을 발견했다. 겨울이 시작되
면서 녀석들의 겨울나기가 힘들 것 같
아 사료를 사다가 가끔씩 마당 구석에
놓아두었다. 그 후 녀석들은 하루 일과
처럼 마당을 방문하곤 한다. 녀석들에
게 이름도 붙여주었다. 어미로 생각되
는 큰 녀석은 눈매가 예뻐서 '김태희 고
양이', 똑같이 생겼는데 몸집만 작은 녀
석은 '청소년 고양이'이다. 발자국을 보
니 어젯밤에는 둘 다 밥그릇 앞에 잠시
웅크리고 있다가 간 것 같다. 내가 손님
들 대접하느라 잊어버린, 눈만 쌓인 그
릇을 보고 실망하고 갔겠지. 마트에 가
서 더 맛있는 사료나 한 봉지 사야겠다.
크리스마스니까.

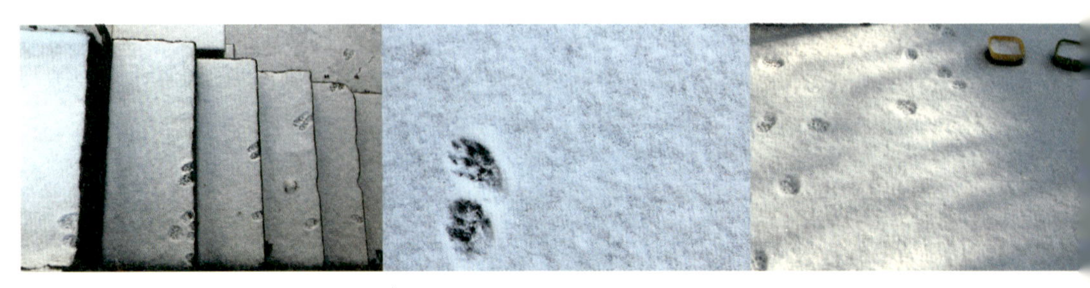

청소년 고양이가 출가를 한 것인지 겨울을 이겨내지 못한 것인지 봄이 되자 김태희 고양이만 홀로 찾아왔다. 밥그릇을 하나만 두자 뭔가 허전했다. 어느새 정이 들었나 보다. 김태희 고양이도 나를 보고 도망가는 횟수가 줄어들었다. 처음 보았을 때와는 달리 포동포동하게 살이 오른 녀석은 푹신한 의자에 앉아 낮잠을 즐기고 가는 일이 잦아졌다. 쓸모가 없어져서 내놓은 의자가 녀석의 소파가 된 것이다.

봄이 되어 새로 단장한 텃밭에서 녀석이 노는 모습을 부쩍 자주 보게 되었다. 김태희 고양이도 텃밭이 마음에 드나 보다. 사실 녀석이 자주 놀러 올수록 좋다. 참새들이 텃밭에 심은 채소의 떡잎을 쪼아 먹어서 세상 빛을 보자마자 땅으로 돌아가게 생겼기 때문이다. 고양이님이 자주 출몰해준다면야 좀 더 많은 새싹들을 지킬 수 있겠지. 이제는 녀석도 사진 찍는 것에 신경을 쓰지 않아 점점 다양한 모습을 담을 수 있게 되었다. 그런데 사진을 찍으면서 관찰하다 보니 녀석이 뚱뚱해진 게 아니라 새끼를 밴 것 같기도 해서 걱정이 되었다. 작년 같은 일이 생기지 않아야 할 텐데…….

참새를 쫓아주는 녀석의 단란한 가정을 위해서 화단에 고양이집을 만들어주었다. 고양이가 사는 집이기도 하고, 고양이 모양이기도 해서 '고양이집'이다. 삼나무 원목으로 만들어 몸에 좋은 피톤치드를 내뿜으며, 방수 스테인까지 발라 비에도 끄떡없으며, 안 쓰는 린넨 커튼으로 침대도 만들어주었고, 비가 오는 날이면 사오정 우비에 우산까지 씌워주지만 녀석은 들어가 살지는 않고 밥만 먹고 잠시 쉬다 가는 '별장' 정도로 생각하고 있다. 더 가슴을 아프게 하는 것은 녀석이 집 안보다 집 아래에서 쉬는 걸 더 좋아한다는 점이다. 일주일 동안 고양이집을 만들면서 내가 왜 이 짓을 하나 생각해보았는데 어린 왕자와 여우의 대화를 인용하는 게 가장 정확한 설명 같다.

"그러나 만일 당신이 나를 길들인다면 우리는 서로 필요하게 돼요. 당신은 나에게 있어 이 세상에서 단 하나의 유일한 존재가 될 것이고, 당신에게 있어 나 역시 이 세상에서 유일한 존재가 될 겁니다."

고양이집 만들기

고양이 얼굴을 달면 고양이집, 강아지 얼굴을 달면 개집이 될 수도 있지요. 실외에서 사용하려면 방부목같이 습기에 강한 목재를 사용해야 합니다. 만들어놓고 보니 제가 봐도 귀여워서 디자인특허 출원까지 했습니다. 고양이가 저에게 주는 선물이기도 하네요.

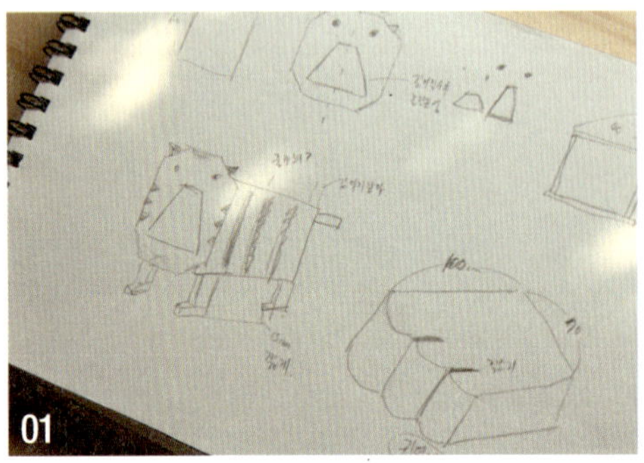

고양이집 설계도를 그려봅니다. 쓰고 남은 자투리 목재들을 보관하면 이럴 때 유용합니다. 단순하면서도 귀여운 구조를 연구해야 작업 공정도 줄고 목재도 아낄 수 있습니다.

원목을 설계한 치수에 맞게 재단합니다. 5만 원 내외의 직소기를 마련하면 목재 작업을 할 때 매우 유용합니다. 받침이 되어줄 고양이 발모양도 직소기로 모서리만 잘라내면 쉽게 만들 수 있습니다.

고양이집의 입구를 만들 때처럼 판재 중간을 자르거나 구멍을 내야 할 때는 드릴로 직소기 날이 들어갈 구멍을 만든 뒤 직소기 날을 구멍에 넣고 자릅니다. 그래야 판재 중간에 절단면을 만들 수 있습니다.

절단면은 사포로 부드럽게 다듬어줍니다. 처음에는 번호가 낮은 사포로 다듬고 마무리는 220번 사포로 하면 매끈하게 마무리가 됩니다.

집의 몸통이 될 박스와 얼굴 모양의 입구, 받침이 될 다리와 귀, 꼬리 등 장식적인 부분도 적당한 판재와 각재를 이용해서 만듭니다.

야외에 설치할 경우에는 방수기능이 있는 수성 스테인을 칠해줍니다. 실내에서 사용할 거라면 원목 그대로 사용하거나 일반 스테인을 칠해줍니다. 방수 스테인은 두 번은 칠해야 합니다. 원목의 무늬가 잘 드러나는 투명 스테인의 경우 첫 번째 칠이 마르기 전에 두 번째 칠을 해줍니다.

스테인도 여러 가지 색상이 있어 포인트를 줄 수 있습니다. 불투명 스테인의 경우에는 투명 스테인과 달리 첫 번째 칠이 마르고 나서 피막이 형성되면 그 위에 칠을 하여 바탕이 드러나지 않게 합니다.

나사못이나 목공용 본드를 이용하여 각 부분들을 붙입니다. 본드로 붙인 부분은 하루 정도 말리는 것이 좋습니다.

크리스마스 리본과 오너먼트를 이용해서 왕방울 목걸이를 만들어주면 세상에서 가장 귀여운 고양이집이 됩니다. 냐옹～

집을 지은 분의

손녀딸과의 편지

답장을 받고 너무 기뻤습니다.

블로그 사진을 보고 그 집이 저희 외할아버지께서 지으신 집이었다는 걸 알게 되었다는 말, 이상하게 생각하시면 어쩌나 내심 걱정했는데 기대도 안 했던 초대까지 해주시고 감사합니다. 메일을 받고 엄마에게 집의 정확한 나이를 물었습니다. 1974년도에 지으셨다는군요. 얼추 40살이 되어갑니다. 1973년도에 믿기지 않지만 한강 물이 넘쳐 그곳까지 침수되었다네요. (근처의 펌프장 때문에 침수가 된 건지, 침수 이후로 펌프장이 지어진 건지 엄마가 말을 모호하게 하셔서 잘 모르겠어요.) 그 이후로 할아버지께서 그 집터를 사서 전에 있던 집을 헐고 새로 집을 지으셨다네요. 지금도 있을지 모르겠지만 화단 아래쪽 1층에 할아버지가 작은 복덕방을 하셨습니다. 예전에는 집을 전문으로 짓는 사람이 아니어도 집을 많이 지었다고 해요. 그 골목은 차도 들어올 수 없어서 집 짓는 데 엄청난 노력이 들어갔다는 이야기를 얼핏 들었어요. 대추나무는 할머니 할아버지가 떠나기 전에 이미 죽어서 뽑았다고 하고, 라일락 나무는 엄마와 할머니가 같이 심으신 거라고 하네요. 비록 오래된 집이긴 하지만 할아버지 할머니가 사실 때는 깔끔했던 것 같아요. 할아버지가 조금씩 집을 고치셨고, 할머니는 워낙 정갈한 분이셔서 제 기억의 외갓집은 오래되고 지저분한 집은 아니었어요. 할아버지와 할머니가 그곳을 떠나신 것도 10년 전이니 많이 변했겠지요.

마루가 넓은 것은 제 추측으로는 아마 들고 나는 사람이 많았던 집이었기 때문인 것 같습니다. 점점 넓어졌던 걸로 기억하거든요. 그 집에 살았던 사람은 할아버지, 할머니와 막내삼촌, 그리고 삼촌이 결혼해서 첫째를 낳을 때까지 살았으니 최대 5명을 넘지 않았습니다. 그렇지만 저희 집을 포함하여 외삼촌들도 근처에 사셨고, 할아버지 형제들도 많은 편이라 명절이나 제사 때는 가족들이 바글바글했던 기억이 납니다. 그 많은 가족들이 있어도 마루와 문을 열어놓고 살던 안방 덕분에 부족함이 없었던 것 같아요.

그 집에서 찍은 사진을 한 장 첨부해봅니다. 화단에서 찍은 오빠 사진이에요.

우연을 수집하신다더니 제가 우연찮게 우연수집이 되었네요. :D

뜻밖의 편지를 받고 집 안을 둘러보니 예전 그 가족들의 삶이 상상되었습니다. 그러고 보면 저에게도 그 것들이 이어지고 있는 듯합니다. 명절 때 친척들이 모이던 그 넓은 거실엔 이제는 제 친구들이 찾아와 모임을 갖습니다. 사람이 생활하는 공간에 따라 삶의 모습도 바뀔 수 있다는 걸 새삼 깨닫습니다. 변화를 주기 위해 새로운 공간을 꾸려 나갔습니다만 이렇게 빨리 제 인생이 바뀔 줄은 몰랐습니다. 앞으로도 여러 가지 변화의 순간들이 생겨나겠죠.

저는 인테리어 전문가가 아닙니다. 제가 인테리어 디자인을 전공했다면 주변의 평가 때문에 좀 더 세련되고 트렌드를 따르는 디자인을 했을 겁니다. 어쩌면 이 오래된 집을 고르지도 않았을 테지요. 상상력을 자극하는 공간이 목적이었기 때문에 과하기도 하고, 유치한 면이 보이기도 합니다. 그렇지만 남의 눈치를 보지 않고 제 취향 그대로 표현했기 때문에 오히려 많은 분들이 스크랩해두는 공간이 되었습니다. 인테리어 작업도 대부분 이 집으로 이사를 와서 처음 해보는 것들입니다. 도구와 시간만 있으면, 그리고 취미 생활처럼 즐기면서 하면 못할 것이 없다고 생각했습니다. 그런 경험을 저와 같은 초보의 입장에서 설명하려고 했지만, 그 과정을 지면으로 압축하다 보니 너무나도 간단해 보입니다. 무심코 따라했다가 제 욕을 해대면서 드러눕는 분도 분명 계실 겁니다. 셀프인테리어의 본질은 '비용을 아끼면서 내 몸으로 때우자'이기 때문에 많은 에너지가 소모됩니다. 부디 천천히, 즐기면서, 어깨를 돌려가며 작업하시길 바랍니다.

인생도 인테리어 작업과 비슷합니다. 좋아하는 것들을 수집하고 연구하고 표현하다 보면 그것들이 모여 진짜 내가 어떤 사람인지를 깨닫게 해주고 기회를 가져다 줍니다. 오춘기를 맞이한 평범한 사람이 전셋집을 고치고, 일상을 즐기고, 변화하는 모습을 보면서 조금이나마 공감과 자극을 받으신다면 이 책이 부끄럽지 않을 것 같습니다.

2012년 가을, 우연수집가

P. 42-43 **사진걸이용 와이어** 로프와 고리 개당 1,000~2,000원, 자석 ND 자석 5×5mm. (만드는 법 44–45p) **블라인드** 화이트 알루미늄 블라인드, 윈도우앤스타일www.windownstyle.com

P. 46-47 **장판** LG Z:IN SK50841-01 재즈, 월드하우징 www.worldinplus.com (시공하는 법 46–47p)

P. 56-57 **부엌 조명** 나팔레일 조명세트, 문고리닷컴 www.moongori.com **거실 조명** 심플라운드 5등–블랙, 바이빔조명 www.buy-beam.com **빨간 벽** 던에드워드페인트 프리미엄 칼라 RED DEA107 저광, 나무와사람들. **싱크대 리폼** 던에드워드페인트 DEA187(블랙) 무광 1L, 나무와사람들. 알파바니시 Matte 무광 500ml, 손잡이닷컴 www.sonjabee.com (시공하는 법 84–85p) **부엌 벽면 타일** 글라스타일 23mm 레드. 한일 타일접착세트(타일 접착제, 줄눈재, 뿔헤라 포함), 모두 손잡이닷컴. (시공하는 법 86–87p)

P. 58-59 **회색 벽** 핸디코트+조합한 페인트 **액자** 올셋 느낌 액자 10p 세트

P. 64-65 **원목 식탁** 골만 스프러스 판재 3600×184×19mm, 3600×89×19mm.(만드는 법 66–69p) **걸레받이** 레드파인 판재 3600×89×19mm. **몰딩** 레드파인 각재 3850×38×38mm. 모두 대신특수목재. **원목 의자** 이케아 IVAR Chair. **흰색 의자** '에펠 의자'로 검색

P. 76-77 **대형캔버스** 면 10수 캔버스 화이트, 천싸요.www.1004yo.com, 타카, 레드파인 각재, 꺽쇠. (만드는 법 78–79p)

P. 100-101 **하얀 벽** 핸디코트 워셔블 **파란 문** 페인트 던에드워드 DEA136(Beautiful Blue), 나무와사람들. **욕실 조명** 프로방스 벽등 1호, 1200M www.1200m.com **물고기 그림 캔버스** 면 10수 캔버스 화이트 150cm, 천싸요.(만드는 법 109p) **수건걸이** 이케아 BLECKA Hook, 7×5cm **원목 상자 안의 포푸리** 그린티 플로랄 포푸리

P. 102-103 **몰딩 페인트** DEW380(white), 나무와사람들. **천장 페인트** 파란 페인트와 하얀색 페인트 혼합, 나무와사람들. **데코 접시** 멜라민 접시 지름 40cm, 7,000원+아크릴 물감.(더 다양한 도안은 174-176p) **무지주 선반** 마끼다 4329 직소기, 유선 해머드릴, 블랙앤데커. 콘크리트용 13mm 해머드릴비트, 헤펠레 드릴비트 세트, 헤펠레샵. 세트앙카 9.6mm×150mm 공구몰. (만드는 법 106-107p) **거울** 다름 자작나무 조금작은 거울 35×45cm, 엔토코 www.ntoco.com **선반 위 유리 용기** 이케아 LIMMAREN 4-piece bathroom set. **선반 위 동그란 수납함** 이케아 FRYKEN Box with lid set of 3, 20×15×10cm. **파란 물이 담긴 유리병** 레드스윙 오일병 250ml. **원목 빨래통** 레드파인 각재 3600×38×38mm, 골만 스프러스 판재 3600×189×19mm, 대신특수목재.

P. 130-131 **하얀 벽** 핸디코트 라이트(벽 하나에 5~6kg 정도 소요) **창문에 달린 종이 모빌** Tree & Bird 모빌 스카이, 1300K www.1300k.com **천장 몰딩** 레드파인 각재 3600×38×38mm, 대신특수목재

P. 132-133 **책상 위 물통** 미젤로 다기능 물통 2L, 핫트랙스. **노란 스탠드** 클램프 스탠드 등. **필기구정리대** KVISSLE desk organizer 필기구 및 소품 정리대, 도나모 www.donamo.co.kr **클립보드** 이니셜 클립보드, 1300K. **북앤드** Yeti 북앤드 2P, 1300K. **아이폰4용 무동력 스피커** 오디오 크래프트 2. **대형 원목 책상** 상판 2440×915×24mm, SEGP 마프라파인 집성판재. 브릿지 SPF 구조재 로얄 3600×140×38mm. 테두리 판재 레드파인 건조판재 3900×89×19mm(2개), 대신특수목재. **책상 다리** 이케아 VIKA CURRY 책상 다리 4개 세트. (만드는 법 138–141p)

P. 136-137 **블라인드** 네오플리티드 쉐이드 옐로, 195×130cm, 윈도우앤스타일. **창가 화분** 에코그린백 화분, 리틀파머스www.littlefarmers.kr

P. 142-143 **칠판페인트** 홈스타 파스텔 OK 페인트 레인보우 컬러 (벽 한쪽에 1L 소요), 삼화홈데코www.djpi.co.kr + 던에드워드 초강력프라이머 W715, 나무와사람들 + 백시멘트, 철물점 3,000원. (만드는 법 144–145p) **바구니** 이케아 SOCKER Plant pot, 지름 12cm 높이 10cm. **바구니를 건 펜스** 휀스망, 120×180cm, 스토어하우스www.e-storehouse.com

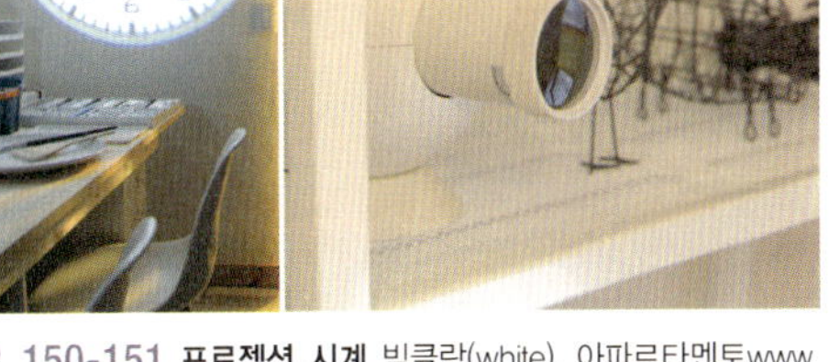

P. 146-147 **자전거 바퀴 조명** 26인치 자전거 앞바퀴 + 미니 아이스크림 펜던트 등(5구, 백열램프 5개 포함), 비비나라이팅www.vivina-lighting.com (만드는 법 148–149p)

P. 150-151 **프로젝션 시계** 빔클락(white), 아파르타멘토www.apartamento.co.kr **철사공예인형** 와이어 동물장식 3P 세트, 1200M.

이 페이지부터는 태그 장식에 활용할 수 있는 도안입니다.

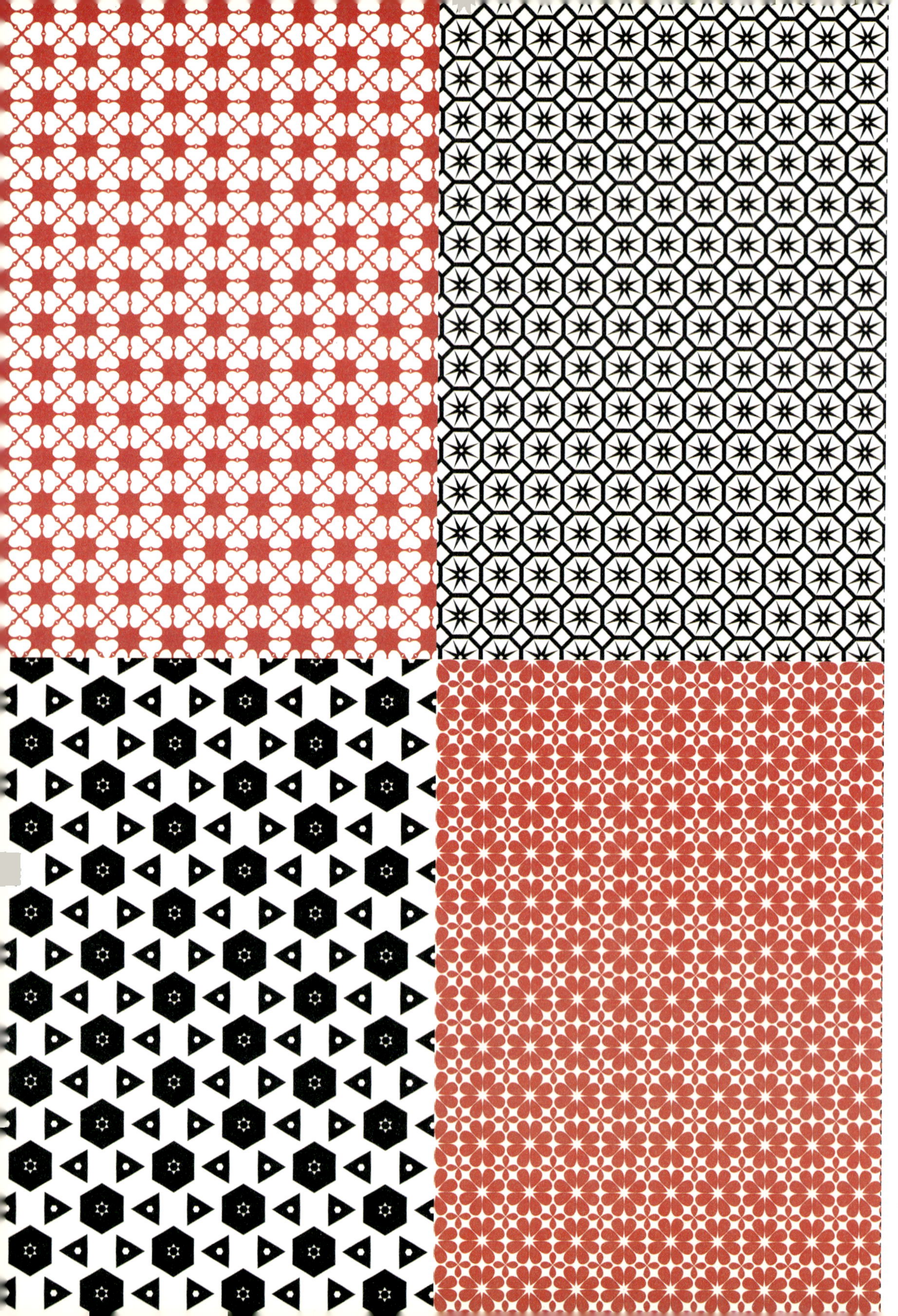